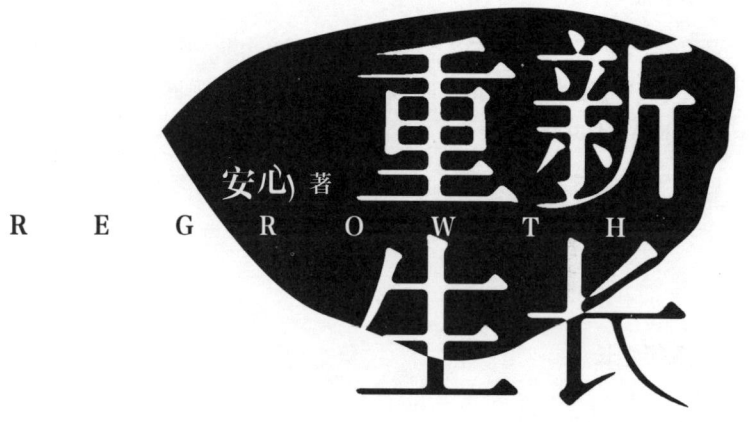

安心 著

重新生长

REGROWTH

北京联合出版公司
Beijing United Publishing Co.,Ltd.

图书在版编目（CIP）数据

重新生长 / 安心著. -- 北京：北京联合出版公司，2021.6

ISBN 978-7-5596-5152-5

Ⅰ.①重… Ⅱ.①安… Ⅲ.①女性－成功心理－通俗读物 Ⅳ.①B848.4-49

中国版本图书馆CIP数据核字（2021）第055599号

重新生长

作　　者：安　心
出 品 人：赵红仕
选题策划：木晷文化
策划编辑：朱　笛
责任编辑：徐　樟
特约编辑：杨思艺
装帧设计：日　尧

北京联合出版公司出版
（北京市西城区德外大街83号楼9层　100088）
河北鹏润印刷有限公司印刷　　新华书店经销
字数130千字　　787毫米×1092毫米　　1/32　　8.375印张
2021年6月第1版　　2021年6月第1次印刷
ISBN 978-7-5596-5152-5
定价：49.80元

版权所有，侵权必究
未经许可，不得以任何方式复制或抄袭本书部分或全部内容
本书若有质量问题，请与本公司图书销售中心联系调换。电话：010 - 82069336

谨以此书献给年轻的父母以及渴望成长的人们

没有爱，就不会有孩子活下来

没有爱，人们就不会存在于这个世间

———

关于成长，我们需要耐心，需要等待

每天十分钟，在固定的时间里学习

一个月后，你会发现

你的内在有一种新的东西生长出来

♡ 目录

- **推荐序** 006
  自我负责的道路 武志红

- **自序** 010
  让我们一起去看看

- **前言** 016
  如何阅读此书

第一部分 · 向父母致敬
Part One

1 — 出生　　002
每个人的出生都如同一场浩劫，那是我们经受到的最初的痛，也是最新鲜的喜悦。我们需要花费漫长的时间，去适应这个世界。

2 — 教育　　011
我们在父母身上学到的东西，就像影子一样伴随着我们，而我们可以从中更深入地学习。

3 — 未曾表达的部分　　021
那些我们未曾表达的部分，无论是爱还是恨，都压迫着我们，让我们并不轻松。

4 — 成为父母　　032
我们为心中的父母编织了各种各样的故事，那些好的坏的、爱的恨的。

5 — 接受父母　　041
如果你还不能接受你的父母，去留意，你是不能接受他们这个人，还是不能接受他们的某些特质？

6 — 放下角色　　051
当我们放下那个人是爸爸、那个人是妈妈的角色后，我们能看到什么呢？

7 — 离开　　060
每个孩子都会离开父母，这样的离开，从剪断脐带那一刻就开始了，你是否在心里已经长大了？

8 — 感激　　069
比起压抑愤怒，其实更多的时候，我们是压抑了自己的感激。

9 — 超越父母　　077
不用担心你比父母活得更好，也不必内疚你比他们更幸福，你可以超越他们。

10 — 传承　　085
总是有一些东西在延续，总是有一些精神在传承，你继承了父母的哪些品质？

目录　003

第二部分 · 向孩子致敬
Part Two

1 — 出生　　094

他带着自己的使命，成为你的孩子，也因此，让你拥有了世界上最神奇的"职业"——父母。

2 — 教育　　102

一直以来，你在向孩子传递什么讯息，是肢体的还是语言的？

3 — 未曾表达的部分　　111

你在明明很生气的时候，是否假装没事？你在明明心中有爱的时候，是否未曾让对方知道？

4 — 成为孩子　　120

敞开自己的心，让孩子可以走进来，这样，我们才有机会真正走进孩子的世界。

5 — 接受孩子　　128

很多时候，我们其实并不真的接受孩子，除非他符合我们的标准。所以，我们接受的是这个人，还是自己的标准呢？

6 — 离开　　136

每当我们想抓住孩子的时候，都可能是想用孩子来缓解自己的焦虑和空虚。然而，孩子的成长，就是伴随着离开而发生的。

7 — 放下角色　　145

我们如果不把孩子当成自己的孩子，也不强迫自己做完美的父母，那么，我们就有可能从一个人的角度，真正去了解孩子、看到孩子。

8 — 感激　　154

孩子，很抱歉，很多时候，我都对你缺少感激。

9 — 超越父母　　163

你是否允许你的孩子比你更优秀？你是否在阻碍孩子的成长？

10 — 传承　　169

你希望你的孩子把你的哪些精神传承下去？你希望你的子孙怎样看待你？

004　重新生长

第三部分 · 向自己致敬
Part Three

1 — 情绪 178

情绪就像世间的各种风景，也像季节的变化，所有想要控制或消灭情绪的努力，最后都失败了。

2 — 想法 186

我们对自己的想法是无法控制的，不知道它什么时候来，也不知道它什么时候离开。

3 — 觉知 192

觉知就像黑暗中的灯，照亮我们前行的路。而它也是一把双刃剑。

4 — 面对自己 201

大部分时间里，我们的行为似乎都是在做逃开自己的努力。我们可以面对世界、探索宇宙，却很难真正面对自己。

5 — 爱 210

无数的人都在讲爱，而更多的人以爱的名义来操控。

6 — 痛苦 217

我们经受的各种痛苦，无论是身体的还是心灵的，都预示着一个可能，就是有一种新的东西要生发出来。

7 — 死亡 225

死亡可能是世间最好的导师，我无法想象，如果这个世界没有死亡，将多么无趣。

8 — 再次出生 235

走过所有的路，你终于可以生出你自己来。有一个新的你诞生了。你知道你已经不同，而且再也回不去了。

推荐序 · **自我负责的道路**

武志红

几年前，我在上海与安心老师聊天，听她分享各种故事，当时我入了迷，沉浸其中，产生了一种感觉：

好像在广阔的墨色天空中，有一颗又一颗星星出现，最后布满整个天空。这种意象的产生可能源于，一个又一个本来生命力沉寂的孩子，经由她的工作，生命力重新被点燃。

当时我们谈到，我们像是有一个共同的使命——改造中国家庭教育的基因，从严重的威权主义，发展到爱、平等与自由。

写作《重新生长》这本书是安心老师实现使命的方式之一。作为 P.E.T. 父母效能训练课程的资深督导，2009 年至今，她以工作坊、公益讲座、微课等形式开讲，覆盖受众数百万人，支持一千多人成为 P.E.T. 认证讲师。她用日拱一卒的态度，将以人为本的沟通理念和方式惠及越来越多的中国家庭。

这本书的架构方式，是我最为欣赏的。作为生命的引领者，安心老师从"作为孩子""作为父母"和"作为自己"三个角度，带领读者深深地扎进内在，看到自己的来路，再回到当下，完成能量与力量的回归，实现自我的"重新生长"。相信每一位读者在阅读过程中，都会感受到自己像是一条在生命长河中来回穿梭的鱼。

我们游回生命的源头，觉察与父母的关系，看到它是如何影响我们的现在；我们游回当下，审视自己面临的种种亲子问题，化误解为接纳，化对抗为合作；我们更是在游向自己，卸下标签与角色的外衣，带着全新的目光自我审视，从外在的身体到内在的灵魂，直面痛苦与死亡，找寻爱与重生。

《重新生长》不仅是一本用来阅读的书，更是每一位读者的"重生笔记本"。借由每一节后的练习，我们能够一遍遍自我梳理、记录，在层层"内省而不内疚"的反思中，实现内在的根本性转变——所有的发生我负全责，无论过去发生了什么，今天的我都可以为自己负起全部的责任。

印度的一位智者说："当我说成熟，我指的是内在的完整。唯有当你停止让别人负责、停止说别人在给你制造痛苦时，唯有当你开始意识到你是自己痛苦的创造者时，这份内在的完整才会到来。这是走向成熟的第一步：这是我的责任。无论发生了什么，都是我创造出来的。"

我诚挚地向每一位读者推荐这本《重新生长》,相信我们每一个人都能经由它走上"自我负责"的生命之路。

自序·让我们一起去看看

此刻，你正拿着这本书，也许你只是随意浏览，或者你已经拥有了它，无论怎样，我都认为是一种缘分，你不会无缘无故地遇见这本书。请允许我向你表达我的敬意，感激你我之间这样的缘分，让我有机会同你分享一些在亲子关系以及个人成长道路上的体验。

这本书源于我在"武志红心理"App上的一个音频课程，有许多朋友询问课程能否编辑成书，为此我整理了课程文稿，修改、凝练并添加新的内容，以文字的方式呈现给你。

这本书，不是关于知识的传递，不是教导你应该如何行事的技巧训练，也不是帮助你变得更成功、更幸福之类的励志书籍。我只是想展现一些生命的不同角度，让我们有机会一起去看看，我们到底怎么了，我们究竟在过着怎样的生活，以及我们可以做出怎样不同的选择。

书中应用了诸多心理学派的练习，但我无意给你任何知识的累积，而意在使你发现自身的智慧。真正重要的是，我们可以向内看，观察、检视并了解自己。要时常问自己：我此刻正在经历什么、体验什么，我此刻好吗？

我深知自己不是一个聪明的人，也和无数人一样，经历着生命中的无数挑战、困难与彷徨，努力与现实对抗。我曾是一个非常焦虑的母亲，不知道如何教育孩子，不知道如何面对自己，也曾在婚姻的旅程中，体尝各种滋味。

在痛苦中，在生命的低谷，我义无反顾地离开家乡，带着孩子来到深圳。有时候，痛苦会引领我们去到想去的地方。痛苦逼迫着我开始探索自己，寻找生命种种的答案：为什么会有这么多痛苦？为什么会有这么多焦虑？

我们对自己往往一无所知，对他人的了解，也常常是盲人摸象、断章取义。就连我们的孩子，有时也会变得像陌生人一样，我们会发现自己并不真的了解他们。

也许，每个孩子都恨过自己的父母，父母也都对自己的孩子失望过。正如对待生活一样，很多时候，我们一次次抱有希望，又一次次失望。还好，我们都不曾真的放弃。

曾经我很恨我的父亲，差不多十年没给他打过电话。直到一天，父亲给我发来一条信息，那条信息里，充满了他的反思，充满了一个父亲的爱和歉意。看到信息之后，我抱头痛哭，似乎所有的怨恨、不满和愤怒，都在那一瞬间得以化解。

最终，我们会从那些恨意中解脱出来，发现爱与宽恕的道路。从过去的故事中，学会接受、学会臣服，也学会感激、学会放过。

每个人都听过也能说出很多道理，这些道理，有些时候可能有助于我们，有些时候又会成为我们前进的障碍。所以，这本书不是给你讲道理，而是一份邀请，一份让我们向内去体验的邀请。

现在，你有一个机会，通过这本书的指引去沉思自己的生命，就像看电影一样，反观自己的人生。当我们观察那个对象时，那个对象就得以改变。智慧来自我们自身的体悟，来自我们对自身的观察和了解。

如果你能诚实地面对自己，这将会是一份很好的指引。书籍本身不会对你有所帮助，真正的帮助来自你对自己的敞开、向自己的深入。

本书分为三个部分。

第一部分，是关于你作为孩子。觉察你与父母的关系，你在父母身上所体验和学习到的，是如何影响你现在的生命的。在这个过程中，不仅要去觉察我们在其中的各种模式与习惯，更重要的，是发掘出我们自身的智慧。

第二部分，是关于你作为父母。如果你已经成家并且养育了孩子，这部分内容会指引你看到从孩子降生到现在你给予孩子的种种，其中哪些是自动化的模式，哪些是可以重新学习并选择的方式。此后，你的生命会在这样的关系中得以成长、转化，你也能帮助孩子更好地成长。如果你还未生养孩子，那么可以想象你有一个孩子，或者想象有一个小时候的自己，这对你依然会有很大的帮助。

第三部分，是关于你作为一个独立的个体。生而为人，抛开父母和孩子的角色，作为自己，我们也会面临种种状况。我们可以向自己靠近，温柔地对待自己，对自己充满疼惜和关怀。我们有一个机会真正"生出"自己，那些在父母身上、在外界未曾得到的东西，我们可以自己给自己，完成自我的蜕变与重生。

在阅读的旅程中，我可能会不断提醒你留意自己，留意自己的身心状况、感受和想法。这样的提醒，并不是说你不够好，事实上，我总是认为每个人都已经尽力在这世间做到了最好。无论别人是否让我们满意，是否符合我们的期待，我都相信，每个人真的已经尽力了。

希望这本书可以协助你面对自己而非逃开。当然，这确实需要一些勇气。而我认为，你已经准备好了。

我希望你读得慢一些，不必急于看完这本书。你可以每天看一节，在固定的时间里阅读和练习，一个月后，你的内在就会变得不同，会在很多方面得以转化。

对此，你需要做出一个决定。是的，很多时候改变我们的，只是一个决定而已。而这个决定，必须由你自己来做。

希望这本书可以真的帮到你，而不是买完后被束之高阁。它是一门深入自己的课程，在这门课程里，你是自己的老师。书中提到的"课程"二字就由此而来。当然，无论你做出何种决定，我都尊重你的选择。无论我说得多好，那也只是关于我的。而我，在乎你，在乎你在这个过程中，是否有所学习，在乎你是否可以成为自己的老师。祝愿你有一个圆满的旅程。

本书得以出版，要感谢李德军先生在整体框架和每一节的课后练习上，为我提供的许多宝贵意见。

最后，感谢与我一起带领"一念之转"课程的搭档，也是我的闺密乐乐，继《在远远的背后带领》后，再次为我的书起名。也要感谢武志红老师和他的团队的信任和邀请，正是因为他们的邀请，才有这本书的出现。

前言 · **如何阅读此书**

本书涉及对自身的探索，有人可能会称之为"疗愈"。书中有很多练习，要想让阅读的收益最大化，我鼓励你完成每一个练习。

通过下面这位学员的提问，我想告诉大家如何阅读并完成练习，在觉知中完成这趟旅程。

安心老师，我在听您的《家庭关系30讲》进行疗愈的时候，会不自觉想到童年，我可能会大哭一场，之后依然情绪低落，能量回不来，仿佛扶不起内在的小孩，不知道该怎么给她力量、跟她连接，对此我有些不解。

是不是我太渴望疗愈过去了，认为自己现在不够好，带着目的去回忆过往，才导致把自己拉回低谷？

最近做疗愈动力不大了，怕把自己带回童年，而且，写给父母的隐藏在内心的话，也像是在抱怨过去，内心有些抵抗，内在不太平。

我的回答：

亲爱的，谢谢你的提问，从你的描述中，我能感受到你对生命的好奇和热忱，以及对成长的渴望。并且，你在行动，在尝试，所以，先隔空抱抱你。

也谢谢你分享这些体会，让我有机会借着对你的回应，进一步谈谈我对疗愈、成长，甚至是修行话题的一些思考。

生而为人，我们都在体验生命的起伏跌宕、悲喜交加，也正是这些经历推动着我们往前走。疗愈，是成长的必经之途。然而，这条路该如何走，才能避开一些坑洞？

显然，你正在经历疗愈的一些误区，比如你说的"扶不起内在的小孩""带着目的去回忆过去""认为自己不够好""像是在抱怨过去"，这些都是典型的疗愈路上的误区和陷阱。

纵观各门各派的疗愈，总结起来，大概是这样的两条路径：第一条路，把现在带到过去；第二条路，把过去带到现在。

如果我认为在我之内有个小孩，我要去疗愈或是扶起他，那就是典型的把现在带到了过去，是第一条路。然而，就像我《在远远的背后带领》一书里提到的，内在小孩只是一个方便的说法，一个心理学上的说法，我们不应该把他具象化，不要认为在心灵的某个地方真的有个孩子需要被照顾。

你就是当下的你，除此之外，在这个宇宙时空中，没有其他的你存在了。过去、未来，都只存在于想象或回忆里而已。所以，我们不走第一条路，不把自己从现实带进虚幻中。

关于疗愈，我的建议是走第二条路，把过去带到现在。看看现在的我们，在这个时空里的我们，独立而自由，平凡却美好，只要你细细体会，还有深深的喜悦在迂回承托着我们。

当然，就像天气有晴有雨，我们也有烦恼、痛苦、愤怒的一面，它们大都源自过去，时不时冒出来"光顾"我们，甚至阻碍我们往前走。这个时候，我们就需要停下来看看它们。

有些在过往发生却未完成的事件，必然占据我们一部分注意力，一部分能量卡在那里，严重的时候会使我们举步维艰。我们需要把那部分注意力和能量释放，带回现在，不断完整自己。

这就是我的课程在做的，给大家提供一些探索和疗愈自己的方式，释放卡住的那部分能量。

过去没有表达的，给自己创造第二次机会去表达；过去没有看见的，给自己创造空间再次去看见；过去不曾审视的信念，再度面对并审视、质疑。然后，通过这些表达、看见和质疑，与过去达成和解，不是我放下过去，而是过去放下了我，让能量和力量回来。

你说不知道怎么给内在的小孩力量，我们不用给她力量，因为她已成长为此刻的你。我们回去，是去结束而不是捡起。就像脚上有一根绳子绑住了我们，我们解开绳子，松开牵绊，就不必再去收藏那根绳子了。

当我们完成那些表达和看见后，会感到轻松、释放，感到能量和力量的回归，我们甚至会心生感恩，与自己或家人的和解自然而然地发生，而不会是你所描述的低落、能量回不来，更不会是抱怨。

就像我在课程后台收到的很多留言一样，大家都有这样的反馈：

"安心老师，听这个课的时候，我就像是一次次从梦中醒来。在今天我突然发现，原来我的痛苦伴随了我那么久，甚至已经成为我的一部分。而我一直在对抗，试图消灭它们，从未认真地去看一看，那到底是什么。如今可以放开它们，反而有些不习惯。回首自己从小到大走来的路，一次次看到老家的院子，真的就像是一场梦。你说，看着那些在路上走着的人，感觉他们像活在梦里，失去了对自己的觉知；你说，自己曾经上一秒很开心，下一秒就莫名沮丧。我看到这些简直欣喜若狂，因为我也曾有相同的感受，却不知自己是怎么了。在课程中终于恍然大悟。"

"感恩遇见安心老师，这些年来间断地焦虑和抑郁，见过很多心理咨询师，可能是自我内心没有成长起来的原因，我总觉得心理学对我没用，但又没有放弃自我拯救。直到听到安心老师的课，感觉像是人间四月春风，温柔我的内心。我解开了许多对父母的怨怼，敢于直面自己的内心，接纳恐惧，放过了自己，更重要的是，我放下了对关系的种种焦虑。未来的路或许还有迷茫，还会一次次经历痛苦，但真正的接纳和觉知这种工具，让我有了面对它们的办法，我相信自己在慢慢长大，在重新出生。"

"感激背叛了我们感情的他给了我这个工作的机会，让我在单枪匹马面对生活时，能给自己和孩子一个不错的生活，能自己交房贷、保险，能满足自己生活中的各种愿望！没有他，也就没有现在的我,虽然现在时不时还会痛苦,但我一定会变成一个全新的我!"

"无论我们怎样被对待,那都是以前的事情,以前的我无力反抗,也无法接纳那个我、那个父母、那个朋友、那个同事、那个室友、那个陌生人、那个我不认同的人、那个领导,在和他们相处的过程中,我被贴标签、被攻击、被辱骂,但是,我也从中体会到了成长,触碰到了我自己。我感激这一切,以后的路,希望我可以主导,奋力向前。"

"听到老师说做个练习,给刚刚出生的自己写信,有很深的一份恐惧升起,除了害怕还是害怕。我是个女孩,上面已经有三个姐姐了,爸爸妈妈就期盼着要个儿子,可我不是,我深深地感觉自己是不被欢迎的,是让爸爸妈妈失望难过的。写着写着,哭到窒息,出生三天我就被爸爸妈妈送人了,但还是很感谢他们生下我。我最想感谢的是自己,我觉得自己好勇敢,我活下来了。写完信,我好像突然明白了我的一些模式和信念,我没办法接纳自己,害怕让人失望,害怕自己不够好,害怕不被欢迎,害怕做错事,所以我一直是个乖孩子。这些信念一直深深地影响着我,让我总是有很多情绪,对自己的孩子也没办法接纳。谢谢安心老师,我似乎找到了一些源头上的信念。我愿意放过自己，释放掉这些信念，我愿意看见自己，迎接自己活着的每一天，接纳自己是个女孩，重新养育自己、爱自己。"

"这次的练习跟上次'成为父母'的课题一样，给人醍醐灌顶的感觉，我终于意识到，其实对孩子的接受与不接受，背后是对自己的肯定与否定，还有自己对未来的焦虑感在作祟。"

这样的留言，我收到太多太多了。大家走的都是第二条路，把过去带到现在，然后重拾力量，再往前走，体会生命的丰盛。当然，就算是经历一些坑洞或误区，那也很好，所有的经验都有它本身的价值所在。智者说，前进的路是螺旋式的，走走停停、对对错错、起起落落都是过程。

经历第一条路，再走回第二条路，有一天我们会了悟：无所谓疗愈，生命的宽广远超你我想象，一切都只是沧海一粟，那些我们曾紧抓的伤痛如宇宙细沙，终将消散如不曾发生。那时候，我们就有机会再走上第三条路，一条从头脑到心灵、从个体到整体、从小我到一体、从分裂到合一的道路，也是一条活出自己、活出爱的终极之路。

祝福你，也祝愿所有人可以踏上这趟旅程，回到内在家园，活在爱与平安里。

Part One

第一部分 · **向父母致敬**

出生

①

每个人的出生都如同一场浩劫,
那是我们经受到的最初的痛,
也是最新鲜的喜悦。
我们需要花费漫长的时间,
去适应这个世界。

你已经来到本书的第一部分，关于你与父母之间的关系。我们就从你的出生开始吧。

你是否跟父母讨论过关于你出生的一些故事？我们其实并不真的了解生命，也很难知道我们为何被生出来。但重要的是，你出生了！这是一个奇迹！

你来到这个世界，真的是一个奇迹，请记住这一点，并在心里重复：我是一个奇迹，生命也是一个奇迹。如果你能每天花哪怕一分钟时间去重复这句话，对你会很有帮助。

很多年前，一个男人和一个女人有了一次性的结合，数以亿计的精子经历了惊心动魄的竞争。那个成为冠军的精子，热烈地唱着胜利的歌，和卵子结合在一起。那是怎样的一种相遇，怎样的一种相逢。

那个开始，也许是一个约定，也许是一场注定，这是一个奥秘。但可以肯定的是，你是由一个女人的部分和一个男人的部分组成的，这样的组成，将终生在你的体内存在。这样的相遇，这样的结合，在这茫茫宇宙中，是一种奇迹、一种恩典，不可思议！你的内在，有你母亲的力量，也有你父亲的力量。

有时候,我看着年迈的母亲,想到自己曾经在她的肚子里待了差不多十个月,就觉得像天方夜谭。小时候母亲常说我是从路边捡来的,但我知道,没有母亲就没有我,没有人是从石头里蹦出来的。

无论我怎么去同理、去感受,都很难真正体验到母亲当时的各种滋味。她经受着身体的各种痛苦甚至撕裂让我降生,除了爱,我找不到其他的理由。仅凭这一点,我便对母亲心怀感激。

没有这个开始,后来的一切,我们在人世间的所有故事,都是不存在的。

我们每个人都是有源头的。而我相信,这个源头就是爱。也因此,本书真正核心的部分,都是关乎爱,关乎我们如何限制了自己的爱,又该如何穿过爱的障碍。

你在阅读的时候,也许会发现我会重复很多话。重复的意图,是提醒我们更多地记得自己。

在生命孕育的最初,我们不知道事情会按照怎样的道路发展。希特勒的母亲不会知道她孕育出的生命几乎毁灭了整个世界;悉达多的母亲不会知道她所孕育的生命开悟成佛,成了人类的精神导师。

而你的父母永远也不会知道，你会成为一个怎样的人。但真好，他们创造出了可能性，无限的可能性，赋予一颗种子无限的潜能。出生的时候，你不会知道你一生的命运，所以，请对自己的可能性保持敞开。

在母亲的子宫里，你待了差不多十个月，有一天，你决定出生，来到这个叫地球的地方。你会经历巨大的痛苦，经历产道强烈的挤压，即使是剖宫产，你的身体也会有不舒服的体验。

在痛苦的过程中，你带着勇敢来到了这个世界。这个世界对你来说，是如此陌生。你现在已经忘记了自己出生的过程，不记得不代表不曾发生。通过这个过程，你真的来到了这个世界。世界欢迎你！

这便是你生命的开端。在这颗星球上，从此有了独一无二的你。你开始呼吸，开始哭泣，开始在这个世界发出你的声音。

这个时候，你不知道什么是羞耻、什么是金钱、什么是名誉权力，你甚至不知道有"父亲"和"母亲"的概念。也许，你并不是和别人分离的，因为你没有"别人"的概念。当然，你也没有"我"这个概念。

你难道对自己的出生不好奇吗？一个拥有无限可能性的开始，一个拥有无限潜能的你，就这样来了。是的，这世界，你来了。如果你已经忘记了自己，那么现在，请你试着记起自己。

我想问你一个问题，如果那个时候，刚刚出生的那一刻，你可以说一句话，你会说什么呢？不妨现在思考一下。

传说中，佛陀出生时走了七步，一手指天，一手指地，说："天上人间，唯我独尊。"如果是我，我可能会说："哎呀，灯光好刺眼啊，累死宝宝了。"

如果去体验我父母当时的心情和感受，我猜想，他们看到我是一个女孩时，是失望的。在那个重男轻女的家庭和年代，女儿的价值常常被忽略。也许他们会叹气说："哎，又生了个女孩。"在我之上，还有一个姐姐。我想，他们是真的希望有一个男孩，可我不是。作为一个女孩，我来到了这个世界。

那么你呢？你好吗？对于你的出生，你有着怎样的感觉？

下面我邀请你来做一个练习。这个练习可以帮助你连接到内心更深的地方，探索到你早期的一些信念，以及与父母之间的关系。进一步，可以帮助你唤醒内在早已被遗忘的自我。

做完这个练习后，有人会体验到一种很深的感动与满足，也有人在这个过程中，忽然明白了很多事。

这个练习其实非常简单，就是给刚刚出生的自己写一封信，或者，只是简单对他说一些话。举个例子，比如，我也许会对刚出生的自己说：

"别怕，孩子，真的别怕。我知道，你有些不知所措，你还不知道如何面对这个世界，还需要依赖外界才可以存活下来。你活着，需要依靠别人，这可能是你最早感受到的无助。这样的无助，我不知道会伴随你多久，也不知道会影响你多久。你不知道食物什么时候来到你的面前，不知道冷的时候怎么给自己保暖。你能做的，就是哭，大声地哭。有时，大声哭叫，别人也不能理解你的意思，你只能继续哭。但不管怎么样，他们都带着爱和善意，有时，也带着他们的无助与你相处。我感谢你，谢谢你来了，并且真的活了下来。"

当我有机会向那个刚刚出生的自己说出一些心里话时，我真的很感动，似乎也和自己靠近了许多。

当你对那个刚出生的自己说话时，请留意自己的感受，留意内在的爱意，试着去拥抱那个刚出生的你，并且心存荣耀和感激。对，我们只需要靠想象就可以完成这个部分。

请深深地呼吸一下，放松身体，看看周围的环境，记得，你活在此刻。

最后，请允许我向你的父亲和母亲致敬。

练习

给出生时候的自己写一封信。

教育

2

我们在父母身上学到的东西,就像影子一样伴随着我们,而我们可以从中更深入地学习。

鲁米说："你生而有翼，为何喜欢爬行？"是什么让我们逐渐远离了自己的翅膀？

这一节，我们来谈谈教育。

教育帮助我们明辨是非，让我们活出真理。但同时，过多的教育也让我们故步自封，不再相信自己的翅膀。我们蒙受着教育的恩，也承受着教育所带来的痛。

我们从父母身上学到了很多本事与智慧，同时，也接受了很多阻碍我们成长的习性，一些困住我们的观念。

我们总会在某个阶段发现，我们学到的，反而成了我们痛苦的原因。

通过分享我自己的一些经历，我来抛砖引玉，引发你去看到，你在父母那里接受到的教育，有哪些曾经帮助了你，有哪些不再实用，又有哪些已经成为你的障碍，可以放下了。

比如，我的母亲总是教导我对男人不要主动，所以，我在男女关系里很长时间都处于一种被动的状态。如果对方不主动，我可以维持冷战很久，即使我觉得痛苦，即使我知道只要主动走过去，事情马上就会解决，我也还是不会主动。而对方也在他的教育环境下学到了被动,所以一旦出现冷战,这个时间就会非常长。每当我想要主动的时候,内在母亲的教条就像影子一样萦绕着我、困着我。

当然,我们也会从父母那里学到很多生活的技巧和智慧。我有一个朋友,他在很小的时候就学会了种地,学会了如何播种、施肥,他会看到玉米、小麦如何从土里长出,他也在很小的时候学会了做饭、洗衣,等等。每个人在不同的家庭里,都会学到不同的东西。

我生长在海边,不懂得种地的事情,掌握的生活技能也不多,但因为父亲常年在外做生意,家里姊妹也多,我懂得了竞争,以及如何在竞争中胜利。

那么你呢?你在家庭中学到了什么技能?

除了技能,父母也会有意无意地把他们的观念传递给我们,比如要有出息、要听话、要好好读书、不要睡懒觉、要勤快、女孩子不要和男生玩、男人有时不是个好东西、不能谈性的事情、死亡是一种诅咒、爱是不能说的,等等。

如果做不到父母所说的,他们可能就会批判、指责我,我就会觉得自己做错了什么,自己不够好。

为此，我努力地证明，通过拥有一些东西，通过做很多事情，通过成为一个很好的人，来证明自己不是他们说的那样糟糕。于是，人生就像一场不断自我辩护的辩论赛，我想要说服别人：我不是一个坏人。这是我很小的时候，就渴望被父母看到的。

我学到了自我的辩护、讨好和证明，当然，也由此获得了许多表扬以及成功。可是，无论我做了什么、取得多少成绩，这些观念都伴随着我，像内在的某种吟唱，唱着不变的歌谣。

我们从父母身上接收到的观念，或者更客观地说，是在与父母互动的过程中，逐渐形成的自己的观念，影响着我们生活的方方面面。我们对父母、金钱、事业、成功、失败、男人、女人等，都形成了自己的态度和看法。然而，这些观念又有多少是真的呢？

这便是这节课最重要的部分：无论我们受到过怎样的教育，形成了怎样的观念，我们都可以去质疑！

了解到观念的来源，了解到它们的真实性，了解到其实是我们自己选择了相信这些观念，也了解到这些观念所带来的身体感受，我们便可以从中解脱出来。

我意识到，无数人都被自己的观念所束缚。我们常常认为自己不完美，不断地攻击自己，然后嫁祸于人，似乎所有的不幸都是他人造成的。

我听过这样一个故事。一个酒鬼父亲有两个儿子，一个儿子成了酒鬼，另一个儿子滴酒不沾。有人问喝酒的儿子为什么喝酒，他回答："那有什么办法，我的父亲就是个酒鬼啊。"他们问另一个儿子为什么不喝酒，他回答："我的父亲已经是酒鬼了，我不能再让自己成为酒鬼。"

所以，你看，其实在观念的形成过程中，我们是有选择的。

在成长的路上，我们会在很长时间里通过父母或者别人的看法来界定自己，形成自己的身份认同，这是必要的。但同时，我们又错误地认同了不属于我们的东西，痛苦就常常来源于我们相信了那些并不真实的东西。

比如我有一个信念，就是我要比男人能干。为此，我不断地和男人比较，要做出比他们更好的成绩。我开始和男人战斗，在心里抗拒他们。

这样的抗拒本身，就是恐惧在作祟。一方面，我害怕自己如果比男人差了，别人就会看不起我，就会离开我。另一方面，我又去讨好男人，但是这样的讨好背后，依然有我的控制，我想通过这种控制，来获得一种安全感和虚假的优越感。这样，关系很快就会僵化。

为此，我花了很长时间去调整，并且问自己："我要比男人更能干，这是真的吗？如果没有这个想法，我是怎样的？"

这样的问题，把我带到了自己内在更深处的地方，我看到了害怕被抛弃的恐惧感。而后来，当我发现连"抛弃"这个概念本身都很虚幻时，我才笑话自己活得那么荒谬。

我深知，困住我的是那些在头脑中根深蒂固的观念。无论这些观念来自父亲还是母亲，如果你能去质疑，选择不再相信，你便有一个机会，活出更大的空间和视野。

另外，还要注意到父母的肢体语言，以及他们的情绪。从这些无声的语言中，你学习到了什么？

比如，我学习到了：我不能太开心、太快乐、太幸福，因为父母在受苦，我如果活得很快乐，就是背叛他们。

我的母亲不快乐，我就让自己受苦，我以为这是对母亲的报答，却不知道这成了对自己的惩罚。这是一种变形的爱与忠诚，像某种誓言一样，我以为这样，母亲便会爱我更多。

人类很多行为的背后，不过都是对爱的渴望和表达。只是，我的不幸福和不快乐，并没有帮到母亲，也没有让她从自己受苦的故事中解脱出来，她依然不快乐。

我终于意识到，让自己受苦，并不能帮到别人。让自己活得不开心，并不能让母亲开心起来。

在经历过很多挣扎和痛苦之后，我想，是时候活出自己的幸福了！是时候让自己快乐起来了！无论我的父母处于什么状态，我都有能力让自己幸福，我开始有了自我负责的态度。

反思自己在父母身上所学到的，是为了解开束缚、启示成长，而不是为了指责父母，说我们的今天是因为他们做了什么，要归因不归罪。凡是把自己的不幸怪罪于原生家庭的观念，都要警惕。父母的教育，只是成长路上影响我们的一个原因。我们真正需要学习的，是一种自我教育的方式，一种自我负责的态度，一种独立思考的能力。

练习

沉思：父母教会了我什么，我在父母身上学到了什么？如果其中有阻碍我的信念，我要如何转化它们？

未曾表达的部分

③

那些我们未曾表达的部分,
无论是爱还是恨,
都压迫着我们,
让我们并不轻松。

你此刻好吗？身体如何？心情怎样？当你阅读这些文字的时候，有着怎样的想法？

无论喜不喜欢，心中有没有评判，都好。重点是留意到你有各种感觉、各种想法，无论这些想法和感觉是什么，都允许它来，也允许它去。

如果这些文字让你感觉不舒服，留意到它；如果这些文字让你感觉很快乐，也留意到它。我们并不需要为自己的想法做太多，只是去留意到便很好了。

很多时候，我们习惯把自己的想法隐藏起来，有时藏得连自己都不知道。我们都是欺骗自己的高手，常常假装一切都没问题，一切都很好。

一个人，其实可以活得更诚实一些，至少，我们可以试着不欺骗自己。

有一位加拿大的家庭治疗师，她已经一百岁了，还在带领课程。她曾经说："我之所以长寿，是因为在我悲伤的时候，绝不假装自己快乐；在快乐的时候，也绝不隐藏自己的快乐。我之所以长寿，在于我自己的一致性。"

也许是基于身处的环境，或是自身的保护机制，我们有时会觉得如果要活下来，就要不断地活在一些谎言当中。我并不是说谎言是一个错误，而是说，我们的谎言最初是为了骗过别人，久而久之，把自己也给骗了。

包括我们对待父母，也隐藏了很多话没有表达出来。这些未被表达的部分隐藏在心里，时间久了就成为心病，身体也跟着出状况。这些隐藏的部分，还会被我们带到亲密关系中，影响亲密关系。

有一个参加我工作坊的女学员，出生在农村，从小父母就教导她要争气、跳出农门。她也非常刻苦，还把"书山有路勤为径，学海无涯苦作舟"写在墙上提醒自己要努力学习。

她在上初一的某天下午，放学后去了同学家过夜。那个年代，没有手机也没有电话，她没法告诉父母晚上不回家，何况，她认为即使告诉了父母，父母也不会同意。

孩子放学没回家，父母当然很着急，但是在那个还没有电灯的农村的夜晚，他们也无从找人。那一夜，对父母来说，是莫大的煎熬。我想这样的煎熬，对每位父母来说，都是可以理解的。

第二天孩子放学回到家,兴许是母亲着急过了头,看到孩子回来,她丢下锄头,气冲冲跑到孩子面前,"啪"一巴掌打到了孩子的脸上,还伴随着一连串的谩骂。那一巴掌,响彻整个山村。

孩子没有哭,也没有解释,只是说了一句"去同学家了",就再也没说话。从那一天起,孩子在心里发誓要报复母亲,而报复的方式,就是不好好读书。

表面上,这个家还是这个家,依然继续这样生活着,谁也没再提这件事。可是很快,孩子就开始在学校不专心学习,憋着一肚子委屈没人诉说,上课就睡觉,成绩逐渐下降。慢慢地,孩子不想再读书,于是就在初中毕业后离开农村,离开父母,去城里打工了。

表面上,她对父母还是很孝顺,像个听话的孩子,因为她受到的教育告诉她要孝顺父母、对父母好。在父母眼里,她也没再惹出任何事端来。只是,天知道,这个孩子心里背负了多么深的痛苦。

后来,她长大成人并且结了婚,生了一个女儿。有一天,她竟然对自己不到一岁的孩子动手了,她很惊讶,觉得自己可能有问题,然后找到了我。

我让她做了一个练习。这个练习,你也可以使用,它能帮助你厘清自己,清理心中堆积的东西。这个练习很安全,你一个人就可以完成,并不需要面对父母去做,我也不鼓励你当着父母的面去做。

我们要做的,只是找到一种感觉安全的方式,把那些藏在心里的、未曾对父母表达的话说出来。也许你的父母曾经做了一些事、说了一些话,让你觉得很受伤,而你在那个时候没有能力表达出来,那么现在是个机会。

你可能需要花一点时间,做一些准备,在你方便的时候,来做这个练习。

请你找一个安静的空间,一个人待着,然后用笔写下一些东西,写给你的父亲和母亲。

内容的核心在于你要告诉你的父母,这么多年来,你过着怎样的生活。这些日子,你过得怎么样?开心吗?快乐吗?或者,生活对你来说意味着什么?

请你写下多年来你对他们一直都没有说的话。也许是关于你一直隐藏的愤怒、恨意、不满，那些令你很生气的东西，也许是关于你心里的愧疚、感激和关怀，也许是关于你隐藏了的爱。

试着从你心里去书写，允许你内在的情感自然流淌，无论有什么情绪，都允许它、体会它。

如果你想哭，那是被允许的；如果你想表达愤怒，可以写下那些愤怒的语句。你也可以问问自己，一直以来，在父母面前，你害怕什么？如果没有那些害怕，你将如何面对他们、面对你的生活？

不要害怕自己的任何想法，即使是一些看起来很坏的想法，也没关系。记住，想法只是想法，每个人都有各种各样的想法。

很多时候，我们对自己的想法都充满了评判和指责——我认为我是个好人，所以我不应该有那些不好的想法。而想法其实是不受控制的，于是我们的内在便充满了矛盾和冲突。

这个练习需要你自己去完成。当你写完了，可以试着读出来，如果有一些诉说爱意的话语，你想亲自告诉父母，那么，我鼓励你这么做。

想想看，还有哪些是你没有说出来的？把它们说出来。你可以想象父母就在你的面前，尽管只是想象，依然可以帮助到你。很多故事，看起来像是关于别人的故事，其实归根究底，都是我们内心关于自己的故事。

在最后，写下你最想说出的那句话。写下来，念出来。

当然，你也可以选择不做练习，没有关系，这由你来决定。因为，这是属于你的生命，属于你的人生。

如果你觉得这个做法很奇怪，我表示理解。我记得自己第一次做这个练习时，发现原来我隐藏了那么多想法，我竟然对父母生出一种"爱恨情仇"的感觉。那一刻，我被自己惊醒了。

还记得那个来找我的女孩，我陪着她做这个练习时，她心中的悲伤和委屈一股脑儿地冒出来，大声地说：

"妈妈，请你不要伤害我，请你爱我好吗？我需要你的爱，需要你关心我，而不是打我骂我……我做错了，我真的错了，我不该恨你这么多年……"

把这些一直压在心里的话说出来之后，她第一次感觉到自己是活着的，感觉到和父母再次靠近，也在心里真的放过了母亲，放过了自己。

这一切，需要我们内在的诚实，我们不需要骗自己。我一直对那些坚持追寻真理的人深感敬佩，有无数的人，为了真实而活着，哪怕死亡出现，他们也依然选择真实地存在。

那些隐藏在我们内心未曾表达的部分，并不会因为时间的流逝而消失，它们会一直存在。如果我们选择去压抑、隐藏，这些情感就找不到出口，最终会如水管里的泥沙一般越积越多，把管道堵住。这样不仅影响身体的健康，也影响心理的健康。

当今时代的很多心理疾病，其实都跟我们失去与自己的连接有关。简单来说，就是和自己失联了。虽然你不断地否认、压抑，但那些一直隐藏在心里的东西，一定想要找到方法跳出来，被你看到。其中一种方法，就是让你莫名烦恼、痛苦，甚至出现一些健康问题。

如果我们有机会可以聆听到那些声音，和自己各个部分连接，那么管道就会通畅。

我的问题是,你对自己足够诚实吗?

祝福你,有一个真挚的旅程。

练习

写下未曾表达的部分。

成为父母

4

我们为心中的父母
编织了各种各样的故事，
那些好的坏的、爱的恨的。

在上一节，我们谈到了你对父母未曾说出的部分，并请你做了一个练习。你在做的过程中，有什么体验？如果没有做，又有什么感觉？现在你来到了第一部分的第四节，这意味着，你开始逐渐向自己的内在迈进。

我之前说过，这本书并非一种知识的累积，也不是一种道理的讲解，它需要你的参与。正如你的人生一样，没有你的参与，就什么都不会发生。无论谁说了什么，大师也好，经典也罢，真正重要的是你自己的体验。当你向自己的内在深入观察时，你发现了什么？

每个人都会遇到不同的风景，也都有不同的体验。这一节，是关于角色互换的。每个人都有自己心中父母的形象和样子，你可以探索你心中的父母是怎样的。

我家有五兄妹，我们出生在同一个家庭，但是，我们每个人对父母都有不同的认知、看法和态度。甚至在同一件事上，我们形成的记忆都是不同的。

这就好比有五个人来到我家吃冰激凌，有人觉得太冰，有人觉得太甜，有人觉得太腻，也有人觉得真好吃。那么，哪个才是冰激凌的真相呢？

事实上，每个人都有属于自己的真相、自己的体验。而这些体验，其实是可以变化的。这个课程的目的，也是为了让我们内在那些固着的东西流动起来，从而活得更鲜活、更真实一些。

通过这一节的学习和练习，你可以转化自己内在父母的形象。当你内在父母的形象改变后，现实生活中的父母也会发生改变。这个练习，同样需要你去行动、体验，深入自己的内心。

请你找一个不受打扰的空间，放松地坐下来。如果可以，闭上眼睛，深呼吸一下。然后想象，你就是你的父亲或者母亲，你可以选择成为他们中的任何一个。

继续想象，本来的你，坐在此时身为父母的你面前。面对那个本来的你，请看着他的脸。你想对他说一些什么话呢？那些一直未被说出来的话，现在有一个机会说出来，无论那些话是什么，请告诉他你的感受。如果你不知道说什么，那就从"我不知道对你说什么"开始，然后继续往下说。

比如，我现在是我的母亲，在我的面前坐着的是我的孩子，是安心。我现在要对安心说一些话，我不知道要说什么，但的确有很多话想对她说。于是我想到什么说什么，不断地说，即使是我很不喜欢的话，即使是气话，我说了很多真实的、曾被隐藏的话。

同样，你也可以想想，你的父母最想对你说的是什么？请成为你的父母之一，然后把这些说出来。你也可以选择写下来，想象是你的父亲或母亲在给你写信。练习的最后，你可以用最想要表达的那句话来结束。在这个过程中，要留意自己感受的变化。

如果这一次你成了母亲，或许改天，根据你的时间和节奏，你也可以成为父亲继续这个练习。

通过这样的练习，我们可能会发现那个所谓的父亲或母亲，常常都是我们心里的形象。即使某一天，我们的父母离世了，这样的形象和感觉依然会留在心里。

我们内在父母的形象，在我们成长的过程中其实是不断变化的。有些形象，我们会固着于它并且固执己见，认为现实中的父母就是那个样子，但事实并不是这样。

很多时候，我们花费大量的努力，一次又一次想要改变外在的形象、改变父母，但是，结局通常是失败的。不仅是我们的父母,事实上,想改变任何一个人,都是很难的事。

对你来说,父母的改变,其实来自你内在父母形象的改变。你与父母的关系,来自你与心中那个父母形象的关系。

当你和你心中那个形象发生改变时,回到现实生活中,关系自然会发生变化。如果不从剧本上努力,只改变呈现方式,其实没什么意义,本质也不会改变。

在这样的体验中,我们也许能了解到:原来父母在我的"里边"。我的内在,既是孩子,也是父母,我是这两者。

如果你在做练习的过程中,很难进入到角色里,那么,适当的深呼吸可以帮助你来到内在。我们已经习惯向外看、向外寻找,因为一旦要向内看,就不得不面对自己的种种。所以,这需要一点耐心、一点勇气和许多觉察。

许多时候,我们不断地努力,忙忙碌碌,就是为了忘记自己。因为忘记自己,就不用面对内在那些不舒服的感受,焦虑也好,害怕也罢。

想要真正发掘出自己内在的智慧,唯有向内看,没有其他的道路。我向内看,看到了我心中的父母,他们充满着害怕、恐惧和焦虑，我甚至觉得他们很可怜。对这样的父母，我充满愤怒，也充满嫌弃。但从本质上来说，他们也是我塑造出来的。

我们可以通过重新塑造自己心中的父母，通过调整心中的形象来改变外在。前提是，我们要有勇气面对那些自己塑造出来的形象，以及那些形象带给我们的感受。

当你不再惧怕内在的父母，在现实生活中，你也会更有力量去面对真实的父母。并且，请你勇敢、明确地表达出自己的界限，这样就不会被他们所控制。

要记得，你是有力量的！当你化身为自己的父母来看待自己时，也许那些批判的声音、不断指责的声音会浮现出来，都允许它。

我们内在的父母有时是苛刻的，有时是失望的，并且一直在制造令我们内疚的故事。没有关系，我们要允许这些声音被呈现出来。最后，请允许自己说出最想说的那些话。作为父母，对孩子必定有最想说的话。

在你做完这个练习之后，看看周围的环境，深呼吸一下，同时留意自己的身心状态，留意你是什么感受。然后去体会，你在此刻，你活在此时此刻，真好。

　　感激你对自己所做的一切，无论你有没有做练习，你都值得被深深地爱着。

练习

成为父母,与自己对话。

5 接受父母

如果你还不能接受你的父母,去留意,你是不是不能接受他们这个人,还是不能接受他们的某些特质?

很感激你可以来到这里。在上一节，我们做了一次角色互换，让你成为你的父母，去体验其中各种感觉和滋味。这一节，是关于接受父母。

那么今天，此刻，你好吗？你现在在哪里？正在想什么？正在经历什么、体验什么？试着让自己放松下来。放松自己的身体，放松自己的心。相信我，你远比自己想象中强大得多，即使那些看起来很难的事情，你也可以承受。许多时候，我们需要的只是放松。

放松，是生命中很美的一门艺术。我们本来是放松的，后来渐渐变得紧绷、对抗。有时，我们只是为了自我保护而收紧自己，像战士一样随时做好战斗的准备。

你看，小孩子是那么放松、那么柔软。奇怪的是，我们在往后的岁月里，都在寻找这种放松和柔软，也就是说，我们一直在寻找自己本来就有的一些东西。

现实是什么呢？

我们变成了战士。

我们真的需要战斗吗？

亲爱的朋友，如果战争早就结束了呢？

如果根本就没有敌人呢？

如果那个曾经你想要对抗、与之战斗的父母，早已不是以前那个父母了呢？

如果我们真的已经安全了呢？

我们很安全，不是吗？

仔细想一想，你有多少时间在和父母对抗？有了对抗，接纳就不见了。当父母在你面前距离不到一米时，留意一下你身体和心里的感受。你是否很放松？是否想要去拥抱他们？是否会感到紧张不安，想离他们稍远一点？

当你和父母生活在一起，或者你只是注视他们的身体、眼睛和神情时，你的感觉怎么样？

你看着他们，心里有没有温暖？有爱的感觉吗？如果没有，是什么阻碍了你的爱？可以花点时间想一想，你是如何在与自己的父母抗争。

也许他们很啰唆，也许他们曾无数次批评甚至打骂我们，也许他们就像"索命鬼"一样向我们讨要什么东西,也许他们曾经做过很多伤害我们的事情,那些事情是什么呢?

为了更好地帮助你厘清这些关系,让你的身心更顺畅,我们可以一起来做接下来的练习。这个练习比较简单,但同样需要我们保持对自己的觉察。

请在练习页的中间画一条竖线,线的左边写下父母做过的一些让你无法接受的事情,线的右边用形容词写下通过这件事,父母所呈现出来的特质。

比如,我在左边写下"母亲让我找父亲要钱",这是事件;在右边写下"母亲是可怜的,父亲是绝情的",这是评判或解读。

我们可以写很多,能想到多少就写多少。要记得,只写那些不接受的事情,以及不接受的品质,比如,我不接受母亲的撒谎。

写下来之后,读出来,或者有机会找一个信得过的朋友分享,也给你的朋友一个分享的机会。在这个时候,请先放下所谓的道德观,对于这些不能接受的事件,不要假装,不接受就是不接受,没有关系。

接下来，看看这些特质我们自身是否也有，我们是否对于自己拥有这些特质也是不接受的。比如，我不能接受自己是可怜的，也不能接受自己是绝情的。

写完之后，看着这些事件和特质，去思考、去承认：如果我就是这样的，会怎样？

如果我就是可怜的、绝情的，那么承认这些，然后留意自己的感受。

接下来再去承认，我们的父母就是有这些特质，那又怎么样呢？

所以，首先就是要看到那些我们所对抗的，然后承认它。你不能接受你的父母，往往不是你不能接受这个人，而是不能接受他们所呈现出来的某些特质。

小时候母亲打了我，我就在心里说，长大以后，绝不要做她这样的母亲。很多时候，我们都不想成为父母那样的人，甚至赌咒发誓说长大以后，绝不要找父母那样的人结婚。我们以此来对抗父母，也以此来让自己独立、成长。

只是，当我们真的长大以后，找的对象却常常跟父母相似。我们的身上也印刻着父母身上的一些特质，包括我们不喜欢的特质。就像一句电影台词说的：长大以后，我成了我讨厌的人。

我不知道这算不算轮回，但这足以说明我们所抗拒的，往往也是吸引我们的。当我们无法接受父母的时候，内在也对自己的生命有着某种否定的态度。

我并非要求大家去接纳自己的父母，如果你没有接纳他们，那么，能留意到那些不接纳就是好的。同时，对自己的不接纳保持一份承认和尊重。

而对于我，当我有机会选择去接纳他们的时候，我的感受是放松的，我感觉到有一个更大的空间，也感觉到更多的自由。

我并不需要背负他们的责任，也不需要背负他们的苦痛。他们有他们的道路，即使苦难，我也应该去尊重，那是他们的人生。我不能帮他们过人生，正如他们也不能帮我过人生一样。

接受父母，也意味着你对他们的痛苦的承认与接受。试试看，在心里说：爸爸、妈妈，我接受你们的痛苦，接受你们痛苦的权利，接受你们痛苦的经验，也信任你们承受痛苦的能力。

我的一位老师曾说，不要轻易拿走别人的痛苦，因为那可能是他们觉醒的机会。在我与父母的那些爱恨纠缠的故事里，当我选择用冷漠和麻木的方式对待他们时，我其实也受伤了。

我曾以为自己今生都无法与父母和解，也无法宽恕他们，只是我以为的，最后也不是我以为的那样。

没有爬不过的山，没有蹚不过的河，所有那些我们以为自己无法接纳的事情，其实在我们的内心深处，早已接纳了——没有你的允许和接纳，它们根本不会出现在你的世界里。

面对日益苍老的父母，在面对"原来他们也不知道该怎么做"的过程中，我真的了解到，作为父母，他们已经尽力了。他们只能做到那些，没有其他能做的了。即使是在我看来伤害到我的方式，也是那个时候他们所能做的唯一选择。

P.E.T.父母效能训练课程的创建者托马斯·戈登说，父母不需要被指责，需要被培训。这也是后来当我也成为一个母亲时，才逐渐了解到的。有时候，没有身在其中，很难理解到当事人体会到的滋味。

我们常常以为的理解，其实都来自自身的经验甚至想象。从这个层面来说，我们每个人都会体验到存在主义所说的那种孤独。那种孤独，我们可以通过分享、连接、接纳而得以克服。我们不是孤岛，也不是一个人在战斗。

花一点时间，去沉思过往的生命中，我们在抗拒什么，是如何抗拒的。当看到这些抗拒时，承认它，然后自然会有接纳发生。

承认那个男人就是你的父亲，那个女人就是你的母亲，无论我们怎么抗拒，这都无法改变。无论他们是什么样子，这一生，他们就是我们的父母。承认这个基本的事实。

深呼吸，然后放松下来，感受你在此时此刻。

练习

在纸的中间画一条竖线,线的左边写下父母做过的让你觉得无法接受的事,线的右边用形容词写下通过这些事,父母所呈现出来的特质。

放下角色

6

当我们放下那个人是爸爸、那个人是妈妈的角色后,我们能看到什么呢?

"父母"这个词，从某种程度上来说，代表的只是角色。这个角色，受到各种条件的制约和影响。教育、文化、宗教、规条，都在"父母"这个角色上安置了各种观念和态度。与此同时，你在心中也对父母的角色注入了各种台词。

父母受到他们父母观念的影响，有意无意地模仿着从他们父母身上所学到的角色版本以及台词。作为儿子或女儿的你，也依然受着这些文化、教育的影响，演绎着作为一个孩子要具备的各种特质。

在我们的文化里，特别突出的一点就是要孝顺、尊老爱幼。对于父母，我们习惯顺从、听话，父母则扮演照顾者、权威者的角色。在这样的角色关系里，我们会被蒙蔽，很难真的看到父母作为独立的个体的部分。

他们为了维护或者塑造自己的角色形象，在我们面前呈现出那些角色的相应模样，而这些权威角色本身，其实是一种物化。

我们在很小的时候，很自然地把父母物化，把他们当成必须满足我们需求的工具，在不能被满足的时候，还会十分生气。一哭二闹，是我们很早就学会的本领。这样的本领，常常延续到后来的恋爱或婚姻关系当中，我们也把对方物化为满足自我需求的工具，甚至让对方来猜我们想要什么，对方猜不到，我们就再次使用一哭二闹的本领。

只是，现在眼前的人，早已不是父母了，我们也不太可能再得到当年的待遇。毕竟，我们已经不是个孩子，无论多么不想长大，也还是会长大，也需要长大。

我们常常会发现，很多人身体长大了，心智依然是个孩子。这一点，我们从大街上或者家庭里，男男女女吵架的状态就能看出来。如果我们依然保持内心是个孩子，充满着任性和理所当然，那么，我们很难真的看到自己，更难看到父母。

长大，意味着我们可以把父母当成独立的个体来看，他们也是这个世界上独一无二的存在。他们也曾经历过出生、幼儿、童年、青春，面对着逐渐老去。他们也有着跟其他人一样的恐惧、焦虑、担忧、无助，也有着作为人的同样的情绪感受。

你的父亲，是父亲，同时也是一个男人；你的母亲，是母亲，同时也是一个女人。他们有自己的喜怒哀乐、悲欢离合，他们不是神，而是普普通通的男人和女人。他们也有他们的局限，有很多事情都做不到，无法一直照顾我们周全。他们也想依赖人，也想被爱，也有很多在他们父母那里不曾被满足的需求。他们曾经也可能未被善待。

你的父母也曾是个孩子，在母亲的怀里吃奶，也曾光着屁股走在大街上，也曾在无人的夜晚独自流泪，寻找着属于他们的人生意义，体验存在的孤独。出生、成长、老去，以及最后的死亡，他们能照顾你的一段人生，但不是全部。

你的父母，也许也在他们的婚姻生活里挣扎，彼此抱怨、指责，似乎总是有说不完的苦、骂不完的痛。也许他们相亲相爱，也许他们彼此折磨。很多人都想通过婚姻获得幸福，而恰恰就是婚姻让很多人不幸。也许他们也曾慨叹过人生的荒谬。

也许他们做过很多让你不满意的事，也许他们不符合你的期待，也许你想要更加完美的父母，但现实是，他们只是他们。无论你满不满意，那些发生的事情，已经不可避免地发生了。对此，你可以选择继续怪罪、抱怨，维持一个受伤的样子；你也可以选择放下。

许多人说，我们的苦难和不幸都跟原生家庭有关。真的是这样吗？父母可能做了一些事情，比如离婚，但这绝不是让我们不幸福的理由。他们离婚，并不意味着我们就会离婚，离婚是他们的选择，而我们怎么看待是我们的选择。

你的态度、眼光，才是决定你是否幸福的核心。

有一位女士来参加我的工作坊，她已经三十五岁了，从未恋爱过，每次喊她的母亲，都"妈妈、妈妈"地喊着，像一个三岁的小女孩，不管做什么决定，都要问妈妈的意见。她在跟我们交流的时候，动不动就说"我妈妈要求我……""我妈妈说……"，她对妈妈的角色有一种非常深刻的认同，无论妈妈说什么，她都说好。

有一天，我让她做一个练习。我找来一个女同学扮演她的母亲，让"母亲"站在凳子上，她坐在椅子上。我让她这次不要喊妈妈，直接喊妈妈的名字，她说："我应该喊妈妈的。"

我说是的，她是你的妈妈，这点我们都不能否认，但与此同时，她还是一个妻子、一个女儿和一个女人，我们现在只是换一个角度来看你的妈妈。她跟我起了些争执。我不会勉强她做她不想做的事，我说尊重她的意见，同时也鼓励她去做一次尝试，只是喊出母亲的名字，看看会怎么样。

五分钟过去了，十分钟过去了，我完全没想到这件事对她来说会这么困难。我对她说，那就下次有机缘或等她准备好的时候再做这个练习。她忽然像婴儿呢喃般，说出了母亲的名字，明显身体有些颤抖。我鼓励她继续多说一些。突然，她就哭了出来。

我不确定真正让她哭的原因是什么，那是一种抑制不住的哭泣。然后她又笑了起来，说很好玩，从来没有喊过母亲的名字。虽然听别人喊过，但是从自己的嘴里喊出来，还是头一次。她说这种经验很奇怪，好像一直抓着的一个东西，现在有些松手的感觉。

当妈妈不再是一个角色，我们便不再去物化这个人。我们从心里承认她，接受她作为一个人的全貌。我们不再只是爱一个角色，爱我们对父母的想象，而是去爱一个人，一个活生生的人。这样的爱，来得真实而热情，它是活的。

后来这位女士开始不断地喊出母亲的名字，并在我的鼓励下，从不同的角度看到她的母亲原来真的不只是她的母亲，还是一个女人。同时，我还让她把这样的练习带回家，每天花两分钟在心里做就好。

三个月后的某天,我收到她发来的信息,她说她竟然谈恋爱了。我不确定这样的探索跟她谈恋爱之间有多少关系,但我相信,我们完全有力量从母亲这个角色中脱离出来,我们并不需要活在角色的阴影之下。

练习

想着你的父母，然后放下他们作为父母的角色，每当这个角色要来遮盖你的时候，试着放开它，甚至可以以一种陌生的眼光看它。试着喊出父母的名字，在心里默念或喊出声音，不断地重复。你可以从老板的角度、员工的角度、一个男人或女人的角度去称呼他们，甚至你可以想象自己站在月球上看着他们，由此认识到他们其实也是这世间万千男女中的一员，然后留意自己内心的感受。

试试看，做完之后，心中是否有一些不同的体验升起。渐渐地，你会放下父母在你心中的特别感，放下他们的不同。你不再期待他们来照顾你周全、满足你所需，不再从他们身上寻找爱，也不再期待他们可以变得更好，他们就只是他们。当你放过父母的时候，也就放过了自己。

离开 7

每个孩子都会离开父母,
这样的离开,
从剪断脐带那一刻就开始了。
你是否在心里已经长大了?

在过去的几天时间里,你感觉怎么样?你和父母的关系在你的内心有了怎样的变化?

如果没有发生变化,固着的部分是什么呢?或者说,你选择了让什么东西卡在那里?

我们常常执着于停留在自己的观念里,选择让自己卡在某个层面。有时候,只是一些关于对方的想法,便让你们的关系卡在了一个困难的地方。我们不能接纳的、抗拒的,其实只是我们的想法,而这些想法又带来了我们不能接纳的情绪感受,比如愤怒、不满、抱怨、指责。

如果我们对自己这些模式有所觉察,就会从中得以转化。恭喜,你已经开始了你的旅程。

我们先来看一些关于离开的故事。

那是在很久以前,你生活在一个温暖的空间里,漂游在温暖的水床上,你不需要努力,一切都自然地成长。所有的食物都自动供给你,你也自然接受,不会担心明天会怎么样,不会苦闷怎么做才是好的。似乎一切都是那么美好、那么享受,悠悠然然。我们称呼这个地方为子宫,是孩子最初的宫殿。

有一天，当我们成长到一定程度的时候，也许是为了更好地成长，也许是基于生命本身的发展，我们出生、降临，离开了被温暖海洋包围的宫殿，而且自此以后，再也回不去了。

接着，我们遇到了一个叫乳房的对象，它开始提供我们所需的食物，供我们成长。这次，不再是完全的自动供给，而是需要我们自身的参与。我们需要一点点努力，才可以让乳汁进入身体。当成长到一定程度时，我们又离开乳房，不再需要乳汁的供给，不再依赖乳房的温暖。

然后我们开始上学，逐渐离开父母，幼儿园、小学、初中、高中、大学……

我们离开熟悉的家人、朋友、同学和老师，或许会去到另一座陌生的城市，离最初那块生养自己的土地越来越远。我们一直都在离开，也因此一直在成长。

我们不再依赖父母，开始组建自己的家庭，依赖逐渐转向另一个女人或男人。慢慢地，我们开始真正独立。这一切都伴随着离开。

有些动物，比如企鹅，在孩子幼小之时，父母竭尽全力地呵护养育，一旦它们长到一定程度，父母和孩子会各自离开。这种离开，有点从此不再相见的意味。企鹅父母能做的工作已经做完了，剩下的路，小企鹅就只能靠自己了。无论曾经在被照顾的过程中满意与否，接下来的路都得靠自己去走，因为那是属于自己的路。没有人可以代替另一个人走路。

企鹅父母的工作一旦完成，它们就会离开，即使这样的离开会导致小企鹅死去，它们也不理会。当然，小企鹅也不会再回去找父母。离开对于企鹅来说，似乎很容易学会并接受，而人类却需要花费太多时间去学习这个部分。

生命一直都伴随着离开。每当我们黏着在某个经验里，生命的河流就被固化。有很多人虽然身体离开了父母，心理却一直像个孩子，对父母充满依赖。就像电影早就结束了，我们还抓着电影里的故事不放。人，是多么执着。

人类面对离别，总是充满悲伤，这也许是因为人是在乎情谊、重视情感的动物吧。但不管怎样，我们都会离开。

离开父母，离开生养自己的地方，离开学校，离开单位，离开一些朋友、亲人、同学，甚至爱人。如果可能，也会离开那些早已不实用的信念。最后我们要离开的，可能就是身体吧。

在每一次的离开中，我们学着长大一点，也在不断长大的过程中，有勇气和能力学会离开。在这个过程中，我们得以成长、蜕变与重生。

这就像是我们每个人内在的英雄之旅。很多关于英雄之旅的神话，都是在讲述一个故事：获得启示，离开，然后有了内在的领悟，最后再次回归。无论我们接受与否，"离开"这个主题，会伴随我们的一生。

对于父母，我们的内心是否真的已经离开他们了？是否还依赖他们的照顾？是否还紧抓着、承担着属于他们的痛苦？

一位来参加我工作坊的男士，快四十岁了，一直没离开过父母。他说父母身体不好，靠退休金生活，他全部的精力都用在了照顾父母上，也没有工作。

父母希望他去找工作，但是他说他有责任照顾父母。他的妻子在另一个城市打工，每个月寄一点生活费回来。在妻子无数次的"威逼利诱"下，他来到了我的工作坊。

他说照顾父母是天经地义的，但是内心又隐约觉得哪个地方不对劲，觉得自己的人生缺少了一点什么。可出去工作，又让他感到害怕，严重到有时候出门买个菜，都要给父母打好几个电话。尽管这样，他父母的身体也并没有因此好起来，虽然可以活动，但依然常常生病。

这次来参加工作坊，他看起来非常焦虑，似乎父母不在身边，他很难适应。如果不是妻子以离婚威胁，他可能也不会来到我的工作坊中。

离开对他来说太难了。在几个月的努力之后，他才开始走出家门，在家附近的一个餐厅做协助厨师的工作。

离开，是一种勇气，也是一种能力。离开父母，不仅指身体的离开，也意味着我们要把属于父母的故事，属于他们的痛苦和哀愁还给他们。

愿意承担起自己的命运，为自己的人生负起责任，我们才可以真正长大，获得力量。你的翅膀早就长成了，你可以在蓝天白云中展翅高飞。

父母的痛苦是属于他们自己的，还给他们，放过他们，让他们可以承受和接纳属于自己的命运与道路。我并不是说要无情地对待他们，你在心里依然是爱着他们的，你的爱从未消失，也从未离开。我深信，每位父母的内心深处，都渴望自己的孩子可以幸福，可以展翅高飞。

如果他们不能飞翔，那么尊重他们，而你，可以飞过高山，飞过大海。

我们的任务，就是让自己幸福起来，就是自由飞翔。有一天，我们会发现，我们和自己的父母其实从未真的分离。真有趣，通过离开，发现从未离开。我们也因此获得力量。

祝福你，可以飞翔的生命，谢谢你在这里！

练习

在心里对父母说:"感激你们给了我生命,而我现在长大了,要开始走自己的路。我把属于你们的痛苦还给你们,谢谢你们。"

每次一两分钟就可以了,或者只说三五遍也行。然后,看看你的周围,感受自己的力量,感觉到自己真的可以离开,感觉到你在飞。最后,深呼吸一下。

感激

8

比起压抑愤怒,
其实更多的时候,
我们是压抑了自己的感激。

我们从婴儿般的依赖中成长起来，学习为自己的生命负责，为自己的需求和感受负责。我们不再把自己的不满足和痛苦归罪于父母以及他们的养育方式，也不再过多地受原生家庭的桎梏。

曾经，我们在父母身上寻找。我们怨过，恨过，不满过，失望过，但我们终究会离开他们。我们会放过他们，也放过自己。然后，一种真正的感激开始升起。

我们听过很多关于感恩他人的话，但不得不承认：其实很多时候，我们都缺乏感激。

回溯我们的生命，对于过去遇到的许多人，比如一些亲朋好友，我们有多少感激之情呢？如果有，你是如何察觉到的呢？

我们说过很多谢谢，这些谢谢，有时似乎不过是一种礼貌，我们的心里其实没有真正升起感激之情。

环顾一下四周，对所见的、所触碰到的一切，空气、阳光，甚至是门前的一棵小草，我们心存感激吗？对现在拥有的一切，车子、房子、金钱、工作，我们心存感激吗？对父母，我们心存感激吗？

在一个节日，一个朋友发来祝福信息，祝福我能幸福得只剩下感激。那一刻，我被感动了。然而反观自身，我并没有完全活在感激当中。

当我们对另一个人说出感激的话时，我们的身体里便能流淌过、体验到那种情感。然而，许多时候，我们的感激似乎不是那么单纯，有时不过是基于内疚而说了一些感激的话。

我们可以去看看，在生活中，我们是如何地缺少感激。对父母有感激吗？对伴侣有感激吗？对自己有感激吗？你真的感激过自己吗？

如果说生活是一锅汤，那么你想在这锅汤里加入什么调味品呢？感激的味道，我们体尝过多少？

对于很多人，我不曾真正表达过感激，即使在某个片刻，感激之情出现了，我也选择了压抑。对于父母，我更是很少去告诉他们，我在心里是多么感激他们，感激他们把我带到这个世界，感激他们养育我长大，感激他们在心里爱护着我，感激我们的血缘关系，感激过去所有磕磕绊绊的岁月。

是的，我们可能会控制住自己的情感，但同时，我们也是有选择的。有人这么说："如果我们对一个人心存感激而没有表达出来,就像包好了一个礼物,却没有送出去。"

所以,第一件事情,就是看到我们的生活中是多么缺少感激。第二件事情,就是试着把那些要感激的人和事,在心里呈现一遍,在适当的时候,向他们表达感激。

对于父母,我们可以表达怎样的感激之情呢?即使生活困难,即使遭遇过很多挫折,即使不被善待,我们依然可以选择过一种充满感激的生活,我们不需要把种种的幸与不幸归于原生家庭。

不妨试着去感激生活所赋予我们的一切,成功失败、聚散离合、拥有失去,我们可以抱怨生活的不公,也可以选择感激生活的丰富。

感激,就是一种生活的态度,一种生活的方式。这是我所喜欢的,因为我可以花更多的注意力在感激而不是抱怨上。于是我发现,生命是如此丰盛。

感激,一直都在我们的心里,有时,它只是被某些烦恼给盖住了。我们可以扫除这些烦恼的灰尘,喂养内在的感激,让它茁壮成长。

我们可以从感激父母开始，去找到任何一个你可以感激父母的地方，哪怕只是一点点，你一定有能力发现它。

你可以写下来说给自己听，也可以直接发信息给对方，或者当面表达。当我们向另一个人表达感激的时候，真正受益的其实是我们自己，因为感激本身已经是回报。

我们还可以把这种感激送给身边的朋友。你一定会找到可以让你感激的朋友，告诉他，你是多么感激他出现在你生命里，以及他为你所做的一切。我们也可以把感激送给爱人，告诉他，这一生和他相遇是多么幸运。甚至，对那些伤害过我们的人，对我们内在的各种情绪，也可以表示感激。

下面分享给大家一个可以持续做的练习。你可以把它当成游戏，每天用几分钟的时间来做，你的心境会逐渐发生转变。

准备一个笔记本，在第一页写上"我的感激"。然后，每天用几分钟或者更长的时间，只管在本子上面没有特定目的、不加思考地写下任何感激的话语，想到什么就写下什么。

也许你忽然想起了你的桌子，那也写下来，感激它。无论来到你头脑里的是什么人、什么事、什么物，都写下感激的话。不用管逻辑，不用管对不对，只管感激就好了。

如果你忽然想到一个很讨厌的人，也可以写下来，写下想要感激他的理由，即使这个理由是他伤害了你。你可以写下："谢谢你伤害了我，让我品尝到伤害是什么味道"，或是"感谢这个讨厌的人，让我可以这么痛快地讨厌"。很快就会有很多美好的东西开始向你降临，你的心境会发生变化。

我和我的女儿就曾经共用一个笔记本，每天都在上面写几件感恩的事情，我们足足写了一整本。

练习

写下感激。

超越父母

9

不用担心你比父母活得更好,
也不必内疚你比他们更幸福,
你可以超越他们。

《一念之转》的作者拜伦·凯蒂曾经去监狱里看望那些重案杀人犯。当她面对那些杀人犯时，没有人看她，没有人想听她讲课，那些人都低着头，大家一起沉默，没有人说话。

在漫长的沉默后，寂静总会带来某种反应。忽然，一个人稍微抬头看了她一瞬，然后，拜伦·凯蒂说出了第一句话："我感激你们，我真的感激你们。"

那些死囚，也许他们的一生从未被人真正感激过，也从未被真正善待过。即使是那些曾经来给他们讲课的人，也是以一副"我比你好"的态度来训话。

当他们听到那句发自内心深处、饱含热泪的感激时，那些尘封的心灵就像忽然见到了光一样，所有人都开始抬头，想看看这是一个什么样的女人。

"我感激你们，你们用你们的方式教给人们什么是自由。"

他们自觉罪大恶极、罪有应得，他们自己都没有原谅自己，怎么会有一个人来感激他们呢？我似乎看到了，在那天，那些被判死刑的人的灵魂挣脱了罪恶的枷锁，得以自由。

我无法想象，没有感激的生活是怎样的。当我们活在感激中，生活就充满了光。

我有一个朋友曾经忧郁了很长时间。有一天，他忽然意识到可以对忧郁也心存感激，向自己的悲伤、愤怒和痛苦表达感激。通过每天不断的练习，他内在的感激之情就像长了翅膀，不久以后，忧郁的状况就改善了。

在这之后，他开始对金钱表达感激，金钱也慢慢多了起来。他不断发现生活中可以感激的地方：去超市买东西，他对服务员心存感激；走在路上看到乞丐，对乞丐心存感激，感激他们呈现出一种不同的生活方式。他去到哪里，都表达感激。有人找他借钱，他表达感激；有人借了钱没还，他也表达感激。

我开始想，这是不是一种变相的压抑？是不是在合理化自己的感受？

当我跟他讨论的时候，我发现，他是真的在那些事件中发现了可以感激的部分。他说，即使是压抑，也可以对压抑表达感激。他活出了他的幸福，他是我见过的最幸福的人之一。

然而，我们很多人都在逃避幸福。

我们害怕超越自己的监牢。自己一手打造出的牢狱，怎能自己破除呢？即使有人给了我们钥匙，我们仍然不想出去。就像《肖申克的救赎》里讲到的，当一个人在监狱里待习惯了，外面的自由反而让人恐惧。

我们害怕超越父母，害怕比他们过得更好，每当我们过得好一些，想到父母还活得那么悲惨，就心存内疚，总觉得对不起他们。尽管如此，我还是鼓励大家去试着超越父母，超越父母给我们的局限。

以前，每当我感觉到自己很满足、很开心、很幸福时，头脑里就会有个声音说："你的妈妈还不开心，她身体不太好，她不快乐，很忧愁，所以你也不该快乐，不该幸福，不该笑得那么开心，你要跟她一样痛苦才对得起她。"当我慢慢看清这一点的时候，我告诉自己，我无须背负父母的苦，我背负再多也无法减少他们的苦。

我们害怕幸福，害怕超越自身的痛苦。我们也害怕别人的看法，害怕自己跟别人不同，害怕不被别人接纳，害怕要去照顾别人，好像只要自己幸福起来，就会被孤立。

我们清楚地知道，自己其实就是丰盛而幸福的，但是我们说：要低调。

我们明明知道自己是国王，却非要装出一副惨兮兮的样子，好像生命被诅咒了似的。不能太幸福，不能比父母好，也不能让别人知道自己过得好。

而现在，我们要脱离这种状态。我要问的是：你敢不敢幸福？敢不敢活在爱里？敢不敢去爱而不是索求爱？

你可以过得比父母更好，你可以比他们更幸福，你可以超越他们，在任何一方面超越他们。即使他们过得痛苦、悲惨，你依然可以开心地过日子。

有时，你只需要一个决定。

我决定，让幸福来敲门。

我决定，不再假装惨兮兮。

我决定，超越父母。

我决定，过幸福的生活！

很多时候，我们对自己扮演的那个惨兮兮的角色入戏太深。本来只是在演戏，以此让别人开心一下，或是让别人感觉到你跟他们是一伙的。可是，你在转身的时候，忘记脱下戏服，穿久了，就把它当成了自己的。

我们常常入戏太深，而忘了自己不过是个演戏的人。

练习

回忆你生命里某个非常满足的时刻或愉悦的体验，去感受当时的那种快乐。闭上眼睛，充分体验，看看身体的哪些部分有愉悦的感觉。然后，让这个感觉像涟漪一样，在身体上逐渐扩散，弥漫至从头到脚每个细胞上。这个感觉在胸口轻轻地微笑，请你继续感受它，体验它。接着，深深地吸口气，缓缓地呼出来，每个细胞都充满了这种愉悦和放松的感觉。然后，睁开眼睛，带着这种心情看看周围。

你可以每天都做这个练习。我们都将超越自己，超越那些桎梏，超越所有的苦难。烦恼来了，体验它、超越它；痛苦来了，体验它、超越它。我们终将从父母的制约中走出，从自己的故事中走出。

10 传承

总是有一些东西在延续,
总是有一些精神在传承,
你继承了父母的哪些品质?

有人说，我父母离婚了，所以我也离婚了。有人说，我今天的不幸福，就是因为小时候母亲经常不在家。还有人说，我今天过得这么惨，就是因为我的原生家庭出了问题。

真的是这样吗，还是我们只是在找借口？我们想把这样的借口传给下一代吗？如果不想，我们可以传递些什么？我想告诉你，你幸福与否，跟原生家庭并没有太大关系，你不需要再做一个受害者。无论父母做过什么，你要记得，做决定的还是你自己。

对于父母，你一定是在某些方面超越了他们的。你不再受制于他们的故事，而且未来你将超越更多。其实，在人类发展的过程中，你自身的很多品质也将被继承、传扬下去，因为你不是一个人，你是人类的一部分。

在前面的内容里，我们从出生讲到受教育，讲到与父母之间的关系，讲到我们身为儿子或女儿在关系中学到和体验到的，一直讲到感激，讲到我们是如何地缺少感激，再讲到超越。我分享的内容，在很大程度上是一种提醒，提醒你向内去觉察，观察、唤醒自己。你才是自己真正的老师，所有的智慧，也都在你的"里边"。

我们的父母有他们的父母，他们的父母还有父母。我们可以这样追溯到很久以前，追溯到人类的最初、地球的最初，生命就这样一直延续着。你的父母在他们的父母身上学到了一些东西，教给你，你也会教给你的孩子一些东西。

你会教给你的孩子什么呢？你会怎么教育你的孩子？我们的祖先为了生存，在这个世界上付出了他们所要承受的代价，经历战争、经历贫穷、经历逃亡、经历富有，最后归于平静。而生命一直在延续。

你和他们的生命如同一体，就像一条河流，一直流淌，最终归入大海。我们都是这生命之河的某个刹那，都是这河流的一部分。在本质上，我们与我们的祖先是一体的，没有分离，只有传承。

无论我们的父母是怎样的人，我们给予他们怎样的评价，在本质上，我们都是一个整体，都属于生命本身。他们会结束旅程，你也会离开，但是生命不会。生命一直延续着，通过他们，通过你我。总有一天我们会发现，没有他们，没有你我，只有一个生命的整体。生命以不同方式、不同样貌呈现出来，我们每个人都是整体的一部分。

你不可能与这个整体分离而独自存在。你以为你是分离的，以为你跟别人不同，但无论如何，你我的生命，都是这浩大生命的分子，就像每一朵浪花都属于海洋。而我们又不只是浪花，我们的本质与海洋一样。我们属于生命本身，生命有着更广阔的地方。即使有一天，你结束了你的旅程，离开了这个世界，生命也会以不同的形式继续存在。

从某个角度来讲，你的父母完成了他们对于生命延续的使命，他们养育你长大，提供了能提供给你的一切。有些东西没有提供给你，是因为他们没有。剩下的，就要靠你自己了。你需要长大，需要成长，需要长出自己的翅膀。你是被延续的部分，你也将继续延续下去。

我并不是在简单地说繁衍，我们远远大于它，因为我们还传承了精神。你是整个人类意识的一部分，你会有你的意识之光。正如蝴蝶效应一样，你的意识是在整个空间中振动的。你会影响很多人，你无法知道这样的影响究竟有多大，但总有可能比你想象的大。

有一只海鸥，它在长出翅膀的那天就离开了父母，带着父母的祝福，摇摇晃晃地寻找一种更强大的力量，一种可以飞得更高的力量。它飞过大海，飞过云层，寻寻觅觅找到了老师，开始接受训练。终于有一天，它能在天空中舞蹈，能在海洋上歌唱。它矫健的身姿引起了无数其他海鸥的注意，有更多海鸥开始加入它的行列。

于是，更多的海鸥学会了穿云破雾、飞越大海，它们的孩子也开始学习。就这样，一只海鸥影响了一群海鸥，整片海域的海鸥都变得更加强健。那只最初出发的海鸥，它可能从来没有想过，自己的决定和努力会带来这么大的影响。同样，我们其实并不知道自己的影响力有多大。有时，你一句善意的话帮助了某个人，而这个人因为得到了帮助，使他的家庭也受到了影响，善意就像涟漪一样，逐渐地扩散开来。

光来了，黑夜就消失了。有时候，黑夜只是为了铺垫光明的到来，而你已经准备好了。

恭喜你已经完成了课程第一部分的内容，这似乎也协助我厘清了许多与父母之间的关系。在此，我深深地感激父母对我的养育之恩，感激他们生了我，不然今天的一切，于我而言，都不会存在。

向你的父母致以我最深的谢意，没有他们，我们不会相遇。

练习

写下或者在心里说："爸爸妈妈，感激你们生了我，养育我长大，剩下的路由我自己来走。你们不曾满足我的，我来帮助我自己，我将把你们的精神传承下去。"你可以说出一些实际的品质，比如耐心、诚实、善良、慷慨，等等。

留意你在写下或说出这些话之后的感觉。如果有一幅关于未来的画面，可能是几十年、几百年，甚至几万年后，你的子子孙孙有一种品质，是从你这里传承过去的，那会是什么呢？

Part Two

第二部分·向孩子致敬

出生 ①

> 他带着自己的使命,
> 成为你的孩子,
> 也因此,让你拥有了世界上
> 最神奇的『职业』
> ——父母。

第一部分内容，是关于你曾经作为一个孩子，从父母身上体验和学习到的，以及可以通过练习获得成长的部分。

现在，我们进入第二部分。角色大反转，你变成了父母。你从一个孩子长大，然后有了自己的孩子。

你也许已经发现，这个部分提出了跟你作为孩子时一样的主题，只是角度不同、视野不同，你的心情可能也不同。

通过这样的主题呈现，我想表达的是，任何事情、任何主题，我们都可以从不同的角度去看，即"立体思维"。

生而为人，我们本来就具备一种共通的力量——父性或母性的力量。

这种力量在每个人的意识里都有，它包含着强烈的守护、关怀、照顾、爱与承载。这种力量常常伴随着孩子的出生而被唤醒。

大家可能听过很多母亲守护孩子的故事。2008年汶川地震的时候，有位母亲将整个身体弯成拱形，挡住山石，让孩子有一个空间可以不被压住。在死亡降临前，她还在手机信息里写道：孩子，请记得，妈妈爱你。

充满爱的故事，总是催人泪下。这样以生命作为守护的例子不胜枚举。这种力量，不是属于某一个人的，而是人类甚至是世间生物所共有的，只是有些人被唤醒了，有些人还没有。但总会在某种时刻，我们被唤醒。

我的一位老师讲过关于他朋友的一个故事：

"现在似乎蛮多女性生了孩子之后，看着那么幼小的一个生命，都有一种怪怪的感觉——这就是从我肚子里出来的？这就是我的孩子？我就是他的母亲？有点不可思议。我朋友也发出过这样的疑问。她生了孩子之后，没有体验到做母亲的感觉，也没觉得做母亲有什么神奇的。可是有一天，她抱着孩子经过一个天桥，天下着雨，地很滑，就在下楼梯的时候，她忽然滑倒了，并在楼梯上翻了几个跟斗。当她坐起来时，看到自己怀里的孩子竟没有一丝损伤，安然无恙。就在那一刻，她开始意识到一个母亲的力量。"

父性或母性的力量一旦被唤醒，为了孩子，父母可以跟伤害自己孩子的人拼命。自己可以少穿、少吃，但不会让孩子受冷挨饿。

这种力量，在没有孩子之前是很难体会到的。有时候，有了孩子，这种力量也不一定会被唤醒。很多父母其实也是孩子，他们看着自己的孩子，会觉得有点奇怪。当然，这也不是个问题。

我想说的是，孩子的出生，常常会给父母带来很多改变，有很多事情好像开始不同了。孩子的出生，让你内在父性或母性的力量也随之诞生。你生了你的孩子，而你的孩子也"生"了你，让你有机会成为一个父亲或母亲。

还记得你孩子的出生吗？那是在什么时候？当时的环境怎样？当你看到一个生命来到身边，你的心情怎样？他长什么样子？你是真的带着祝福和感激来迎接他的吗？你真的接受这个生命的到来吗？

你还记得第一次触碰他的身体、看着他的眼睛，是怎样的心情吗？你想对他说什么？你爱他吗？你愿意全身心地拥抱他吗？你希望他走过一段怎样的人生？孩子出生了，他给你带来了怎样的变化？

作为一个母亲，孩子在你的肚子里住了近十个月，在这段时间里，有很多体验都是那么新鲜。作为一个父亲，忽然之间要承担起更多的责任，那种想要去照顾整个家庭的力量感也开始诞生。

慢慢地，孩子改变了你。他改变了你的生活方式、工作节奏、时间安排，也改变了你看待事情的角度。更重要的是，他唤醒了你很多的记忆，唤醒了你的快乐、幸福、甜蜜、爱和承担。

有时候，你会感觉心都被孩子融化了，你感觉到某种如置身天堂般的滋味。有时候，随着岁月的流逝，如置身地狱般的痛苦也会出现。

他的出生，给你还有你原本的家庭都带来了影响，也许你的朋友会发来祝福，也许你的父母会帮你带孩子，似乎很多人都开始因为这个生命的诞生而忙碌。

恭喜你成为母亲、成为父亲，至此，你的余生都会和这个角色产生牵绊。终于，有一个生命通过你而到来。

这样的出生，是怎样的因缘呢？这个孩子没出生之前在哪里？也许，等孩子长大些，你可以问问他。当然，他可能也会这样问你。他是怎么来的？你愿意如实告诉他吗？

出生，一个生命的降临，真是不可思议。在此，我恭喜你，祝福并欢迎你的孩子，也请你对孩子的出生表示祝福和欢迎。无论你的孩子现在多大，你都可以在心里为他的出生送去祝福，欢迎他的来到。

今天，我们可以试着把类似下面的祝福，送给天下所有的孩子，也包括你自己：

"亲爱的孩子，我们欢迎你，我们祝福你。愿你能幸福健康地成长，能接收到人们的善意、爱和感激。愿你被真诚以待、温柔以待。你通过你的父母来到这个世间，但你更是天地之子，是天地生养了你。你的父母也是天地之子，受着天地的滋养，温暖着世间。你的出生，也是对这个世界的祝福，给地球带来了生命和爱的讯息。每个孩子都是天使，都是人间精灵。你温暖着这个世界，带来欢声笑语，幸福而甜蜜。你纯真的心灵，涤荡着无数人的灵魂。让我们向你的出生致敬，向你的生命致敬！"

具体用怎样的话语来传达你的祝福，这由你来决定。

最后，请深呼吸一下，感受自己的身体，感受自己是被祝福的。带着这种祝福与被祝福的眼光，看看周围的世界。

练习

念出以上这些祝福的话，也可以写一段你自己的祝福话语送给你的孩子。

教育 ②

一直以来,你在向孩子传递什么讯息,是肢体的还是语言的?

作为父母，我们究竟该怎么教育孩子？我们希望自己的孩子成为一个怎样的人？世界上有各种各样的亲子教育课程，各种流派、方法和技巧，我们该如何选择？

首先，我想说的是，目前没有任何一种教育方式，是适用于每一个孩子的。每个流派，或者市面上的各种课程，都只是，也只能从某个方面去诠释。每个人站在不同的角度，都属于盲人摸象。我认为，并没有一个所谓完美的教育方式适用于每个人，即使有，每位父母自身的特质不同、理解不同，应用也会不同。

我们常常有一个误区，认为如果这么教了，孩子就会怎么怎么样。而现实是，就算这么教了，结果也并不一定符合我们的想象。关键是，无论你采用什么方式去教育孩子，都应该先自问：我喜欢这样教育孩子的自己吗？如果你所做的，你自己都不喜欢，那么，你就可以考虑做出调整了。

作为父母，我们负有教育的责任，所谓"养育孩子"，就包括"养"和"育"两方面。我们经历着各种焦虑，很想做个好父亲、好母亲，为此竭尽全力，可结果常常是失望的。孩子似乎在某个层面，就是想跟父母对着干。今天的世界，要说比较有挑战性的关系，亲子关系必定是其中最重要的类型之一。

那么，身为父母，我们究竟该怎么去教育孩子呢？

我认为，在孩子六岁以前，给他更多的时间玩耍是很重要的。现在的孩子特别缺少玩耍，许多父母就像被"不要输在起跑线"这句话催眠了一样，刚刚怀上孩子就开始进行各种胎教，胎教音乐也是五花八门。然而，孩子真的需要在子宫里就开始听音乐、学《道德经》和《弟子规》吗？

我们有没有想过，那些在母胎里就听《道德经》的孩子，他们长大了真的就会不同吗？我们有没有想过，各种音乐带给孩子的可能是一种打扰？

在我看来，没有一种音乐能超越"无声的歌"。如果这么小就给孩子各种外界的刺激，长大之后，再用什么去刺激他？没有了刺激，他会不会感到无聊？

我们的孩子过早地接受了各种教育，在本该玩耍的年纪，被各种知识、教条和没有生命的玩具淹没，我们有没有思考过，我们究竟在干什么？

我们是真的为了孩子好，还是在躲避自己的焦虑和无助？我们有没有可能是因为害怕自己做得不好而做了太多呢？

孩子做得好、符合我们标准的时候，我们给他们鼓掌；做得不好的时候，我们给他们鼓劲加油，让他们更加努力。他们从小就要适应各种竞争，学会看父母的眼色生活，学会讨好父母。

我们有没有可能在孩子做得好的时候，不去鼓掌，在他们做得不好的时候，也不摇旗呐喊为他们加油？我们可不可以，无论在什么情况下都带着关怀，问问他们自己怎么看、感觉怎么样？我们可以去表达的，是我们的关怀，是我们真的关心这个人。

教育不仅是学习，不仅是看书、写字，更是一种情感的联结，它是关系性的，关乎我们的身体以及头脑意识层面。教育，关乎一个人整体的学习和成长。父母要放下必须让孩子出类拔萃、跟别人不一样的想法。无论是你还是我，在本质上，我们都是很普通的人，没有谁真的比谁好。

学习是一个人一生的事情，而不是只伴随孩子从小学到大学毕业。孩子需要学习到的是：生命就是一个学习的过程。因此，不要把一次考试成绩的好坏当成一件多么重要的事。孩子会受到父母行为的影响，所以，父母自身的形象是很重要的。

教育是一种情感关联，本质是一种关系。我们该如何去探索和鼓励孩子？学习在适当的时候放手。

花时间与孩子沟通交流，敞开自己的心，带着一些有趣、一些幽默，偶尔自嘲一下，放轻松些。放下对与错的标准，在家里不要做法官。

无论发生什么，都可以当作教育的机会。比如，看到孩子正在玩刀，你不要大喊大叫，告诉他不要玩刀，而是可以跟他聊聊刀的使用方法和功能。或是当你看到一个男孩在玩其他女孩的头发时，不要去做一个评判之人，对他的行为做出评价。

我有一个朋友，一天，他三岁的女儿和一个同龄的男孩在床上玩，他忽然看到女儿去亲了那个男孩的嘴，他就像被电击了一样，冲过去就给了女儿一巴掌。

这一巴掌，不仅伤害到了孩子，作为父亲的他，也在之后漫长的时间里，心中充满内疚、自责和悔恨。由于面子作祟，这件事情一直隐藏在他的心里，就像一根刺。

后来他跟我谈到这件事，有一种想要打自己的冲动。我倾听他、理解他，也去感受一个男人的脆弱、自恨和一个父亲的无助、彷徨。我们花了好长时间才让他从自恨中走出来。我知道,不断地指责自己并不能解决问题,出于内疚想对孩子做出补偿,只会让事情变得更加复杂。

无论孩子做了什么,去好奇、去了解。假设你的孩子到了青春期,有一天,你看到他拿着一个避孕套,你会产生什么想法?你想怎么做?

这是一个机会,一个向他们学习关于青春期、性、异性和友谊方面知识的机会,也是让他们学习什么是尊重和界限的机会。我们借此了解孩子,也了解他所处的群体是什么样的。

一个男孩去玩一个女孩的头发,可能只是觉得好奇,因为自己没有那么长的头发,就很想去摸摸别人的。我们可以去好奇、去了解,并借此机会跟孩子谈谈。无论是性还是死亡,我们都不需要躲开,没有什么是不能谈的。

做快乐的父母,也让孩子快乐。放手让他们去尝试、去经历,在更深的层面,你不知道什么是最好的,本来也没有完美的教育。去接纳他们、允许他们,即使跌跌撞撞也是可以的。不要做孩子的医生和救世主,让他们做自己的渔夫。孩子没有义务为你的虚荣和面子负责。

允许孩子玩耍。他们欢笑,他们歌唱,他们本来就是舞蹈，就是音乐。让他们快乐，让他们理解到快乐源于内在，而不源于父母的表扬和满足父母的需求。

有些时候，我们只需要去好奇、去倾听。你可以做几个基本的练习，无论你的孩子处于什么状态，你都可以用以下的方式去做：

第一，不要说"不"，无论正在经历什么，先在心里承认正在发生、正在经历的。第二，表达好奇，可以用这样的一些句子来帮助你，用这样的方式和孩子说话，比如："你一定觉得……""我听到你说……""你觉得怎么样？""告诉我多一些……""是的……好的……"

通过类似的问句，鼓励对方多说一些。我们不需要做太多，只是去听到他们、看到他们就可以了。对他们诚实，如果你知道就说知道，不知道就说不知道。如果你要求他们，那么你自己要先做到。我们不需要把事情弄得很复杂，我们可以简单一些。

练习

用以上方式去倾听你的孩子或其他家人。

未曾表达的部分

③

你在明明很生气的时候,
是否假装没事?
你在明明心中有爱的时候,
是否未曾让对方知道?

我们可以思考一下：你和孩子之间，有什么是你没有表达出来的？在你心里，对孩子隐藏了什么？

你可以选择找个机会，和孩子分享一些关于你的故事，或你对他的感受，也可以分享你对生命的体验与感悟。通过这样的方式，可以让你们的关系有一个比较深的连接。

我会花很多时间和我的女儿沟通，聆听她，也分享自己的经验，但不会把自己的想法强加给她。我会向她分享我的感受和我对她的爱意。大部分时间我们都是用语言沟通的，有时也会用写信的方式。

下面是我女儿刚去美国时，我写给她的一封信。通过这封信，我想给大家分享一种和孩子联结的方式。

写给女儿的信：

女儿，你从小就有大大小小的梦想。你说，每个梦想都值得被尊重。终于，你又实现了你的一个梦想，我也终于把你送达遥远的异国。这次，你将长时间离开熟悉的家庭环境，去探索和接触新的国度、新的文化，开始你人生的新旅程。这样的

时刻，令我特别想跟你说点什么。你是知道的，我一直以来鲜少对你说教，我更愿意与你分享。

回想妈妈的过往，当我十四岁时，我跟你一样，渴望友谊，也有偷偷喜欢的男生，对新事物充满好奇。不同的是，我不像你，从小有各种各样的梦想，那时的我没有梦想，梦想是高不可攀也是奢侈的事情，但我有目标，就是要上高中，然后考大学。看，你我既有相像的部分，也有大不相同的部分，相比于青少年时期的我，你有更加自由的头脑与灵魂。

也因此，我常在心中赞叹你的勇气、信心、决心和独立，你清楚地知道自己要什么。当你的同学还在适应初中生活时，你以无比坚定的语气跟我表达了想去美国读高中的愿望，当时也很"懵懂"的我，惊讶之余，企图说服你过几年再出国。然而，直至现在，我还记得你的回答，你说不，你已经想好了，并且由我们自己来申请，不需要中介。

之后，你开始了准备，我俨然是一位旁观者，听你跟我细细讲述那些来自网络的留学攻略，看你把美国排名前五十的高中一一浏览，陪你一次次报名SSAT（美国中学入学考试）和托福考试，陪你飞到美国进行面试。

那时，你的微信签名是：自己选择的路，跪着也要走完。如今，梦想成真，你来到了很多人梦寐以求的学校——华德福高中，成为这所学校九年级唯一的一名中国学生。路，还没走完，你只是刚刚踏上旅途，但你已经不用跪着走了，你可以插翅翱翔，像我之前告诉你的，你的世界不是某一座小小的城市，而是全世界。

知道吗，这几年，你老妈我偶尔会听到他人说："安心老师，你写了很多幼儿的案例，青少年的案例很少，多写写青少年的案例吧。"我发现，我很少有关于你的案例可写，一方面，你我对于我致力于传授的沟通方式已习以为常，鲜少有冲突；另一方面，或许是因为你太少"为难"我了，而正如鲁道夫·史坦纳（他老人家可是你所要接触的华德福教育的创始人哦）所说，教育始于孩子让我们为难的那一刻。

然而今天，我却很想跟你聊一聊，哪些是你可以做得更好的地方。我的女儿，你独立有主见，但不善于接受他人的意见，或是从他人的经验中汲取养分；你开朗活泼、善于交友，但这也使得你大部分的精力和能量都投向外界；你有方向和梦想，但你却常常忘记照顾好当下的自己；你善于追逐，但缺乏对眼前事物的管理；你在意他人、照顾他人的感受，却疏于照顾自己；你单纯，但对他人毫无防备之心，不懂保护自己。

女儿，你并不完美，但也无须完美。接受如是的自己，不忘记继续成长，在人生狂与狷的两极游走。但是，依然要学习回到自己的中心，这是我想要分享给你的。终有一天，你会发现，看见自己、面对自己，从自己的既定模式和信念中脱离开来，才是人一生当中最根本的功课，也是真正的自由与智慧所在之处。

两天后，我将启程回国，而你将真正开始在异国他乡的求学之路。虽说这是你第一次较长时间离家，却不是你我的第一次分离，我们的第一次分离早已发生在你出生的那一刻。人们都同意一个说法——亲子之间是一场渐行渐远的分离，而在我看来，人生本来就是由大大小小的分离构成的，有分离就有相聚，我们在远离，我们也在靠近。于我，这才是生命的真相。

分离伴随着伤感，你看，佛家的八大苦之一就是爱别离。分离，从我们呱呱落地那一刻就开始发生，离开妈妈的子宫，坠入无常的娑婆世界，无疑是每个人一生中最大的，也是最惊恐、最痛的分离。我想很多时候，我们对于别离的伤感，大抵就是源于最初的这份痛。那样的分离我们都能经受，还有什么分离会难住我们呢？

一直以来，我对你倾注尊重与信任，不单单是对你这个个体，还对我们共同的那个部分，对我们的内在生命力。我始终相信，生命的动力在于向上和向善生长。所以我也相信，我们可以欣然接受这次离别，并期待相聚的喜悦。

女儿，我的宝贝，你是被老天眷顾的孩子，身边总是有很多助源出现，帮你达成愿望。你是被祝福的孩子，所以你会成为我的孩子。

最后，我想向你发出邀请，邀请你仍像过往一样，对我怀有信任，把我当作你的朋友，不管发生任何事情都可以与我分享，像以往一样扯着嗓子与我畅聊，说到激动时，你仍然可以爆粗口，我仍不介意。当然，你说与不说，我都在这里，你谈与不谈，爱就在那里，不增不减。

爱你的妈妈

2015年8月30日写于纽约

多年后，没想到这封信会分享给你们。如今读来，也依然感怀万千，充满感动和感激。而今，我女儿已经十九岁了。

练习

如果你心里有未被表达的部分,找到自己的方式,表达出来。

成为孩子

④

敞开自己的心,
让孩子可以走进来,
这样,我们才有机会
真正走进孩子的世界。

你有多久没有真正地笑过了？有多久没有真正地开心过了？你是否是放松的？

对于生活，你享受吗？你是否还记得自己是孩子时的那种快乐？你还会玩耍吗？曾经那些让你快乐的事情，现在还能让你快乐吗？

也许你曾经看着路边的蚂蚁搬家，充满好奇和兴奋。那么现在的你，会因为什么而感到兴奋呢？

你还好奇吗？还会提出各种各样的问题吗？告诉我，你此刻头脑里有什么样的问题浮现？

一个孩子，会不断地提出问题，是一个活生生的"十万个为什么"，而大人似乎逐渐丧失了这种好奇的能力，不知道从什么时候开始，我们变得有些麻木和冷漠，对自己和他人好像都失去了好奇心。

我认为，如果你活得很快乐、充满喜悦，那么你根本不需要太多课程。喜悦自然会引领你的生活，我们遇到的问题和困扰，都会在喜悦面前退居二线。

我们有多久没有像孩子般快乐了？我所说的成为孩子，是拥有那份轻松感、自在感和赤子之心，而不是任性、孩子气。

花些时间，和你的孩子一起玩耍，做一些孩子会做的游戏。生活中，我们已经变得太严肃了，过分的认真，让大家并不轻松。

不用阻止自己快乐，也不用阻止自己享受幸福和喜悦的能力。你现在就可以在心里对自己微微一笑。如果说，人生就是一种玩耍，你感觉怎么样？

在我带领的青少年效能训练课程中，我会使用很多游戏，让青少年在游戏的过程中建立起丰富的连接，也让他们更好地理解人与人之间的关系和协作的方式。我也会在父母效能训练课程中，教给父母一些游戏的方式。

有一次，我在深圳带领工作坊，来自不同城市的父母相聚在一起。我还记得，那天阳光很灿烂，二十八个学员组成的团体中只有一位父亲，其他的都是母亲。一直以来，这样的课程，基本上都是母亲参加得多，父亲参加得少。

课程中，我请大家分组，每组玩一个游戏。其中一组，也就是有父亲的那组，玩了一个很简单的游戏——过家家。我给他们十五分钟时间，让他们在这段时间里尽情地玩耍，忘掉周围的人，只管去玩。

大概只玩了不到十分钟，这个父亲突然哭了，哭得就像个孩子。我不知道他为什么哭。男人总是很少流泪，就像被"男儿有泪不轻弹"之类的话给催眠了一样，而这个父亲竟然哭了出来。我充满好奇，靠近他，他低着头，可能不太好意思。我关心地问："发生了什么吗？"

在等待了一会儿后，他抬起头对我说："我忽然意识到，原来我是可以快乐的，我真的快乐过，我快把这份快乐给忘光了。"他这么讲完，又哭了出来。听到他这么讲，我也被感动了。

我们忘了，我们曾经都快乐过，我们有过很多欢笑，有过很多自由自在，有过很多肆无忌惮与轻松。我们曾经走路时蹦蹦跳跳，而今，我们的脚和肩膀都像被什么东西压着一样，连微笑都带着些许礼貌。

在此，我提供一个我自己做过的练习：成为孩子。不管你有没有孩子，都可以做这个练习，我曾经也带青少年做过。

想象你是一个孩子，在一个房间里，或蹲下来行走，或爬行，用孩子的眼光去看一切事物，进入孩子的世界，就好像所有的事物你都是第一次遇见那样，去好奇、去探索、去惊叹、去体验，过程中带着觉知，留意你内在所有的感受。

当你选择成为你的孩子时，也可以试着想象，孩子想向你这样的父亲或母亲表达一些什么。试着去想象，当孩子面对你的时候，他是什么感觉。对，让自己成为他。

之后，你可以写下在"成为孩子"的过程中自己的感受、体验以及新的发现。

如果你有一个正处于青春期的孩子，在你的眼里，他很叛逆，每天都玩手机，不想上学，那么，你可以尝试做这个练习。

找个安静的地方，闭上眼睛，深呼吸，然后让自己成为他。如果你的孩子叫小明，那么，你现在就是小明。去探寻小明会有什么想法、感受，他想对父亲说的话是什么，想对母亲说的话是什么？注意自己的感受，也可以试着去探索他目前的状态是什么原因引起的。

上面两个练习，不管你做的是哪一个，做完之后，都请深呼吸一下，看看周围，然后再次成为你自己。

在这个过程中，你可能会发现你跟孩子的关系近了，你发现你能了解你的孩子了。真正重要的是，你会发现，当你改变了你内在孩子的形象，外在的孩子也会发生变化。

生命就是一个不断探索与发现的过程，我们也总是在不同的境况下扮演着不同的角色。愿我们都能在成人的世界里，扮演好各自的角色，同时拥有一颗赤子之心。请记得，喜悦是亲子关系里很重要的状态。

练习

成为孩子。

接受孩子

5

很多时候,
我们其实并不真的接受孩子,
除非他符合我们的标准。
所以,我们接受的是这个人,
还是自己的标准呢?

恭喜你来到课程的中间部分，在过去的时间里，想必你已经对自己有了更多的觉察与发现。

今天我们来谈谈接受孩子。

当你想到你的孩子，你的感觉是什么？当孩子来到你的面前，你的感觉是什么？你的身体是否是放松的？你对孩子是敞开的吗？

我们先来看看，在你与孩子的关系中，他的行为有哪些是你不能接受的。

一个母亲给我发来信息，说每当看到儿子玩手机，就感觉自己要疯了。有一次，她气得把孩子的手机摔了，第二天又感到内疚、后悔，然后买了部新手机去给孩子道歉。很多时候，我们对孩子的行为不能接受，却又没法改变。

孩子似乎总能找到各种方式让父母生气、抓狂，很多父母对孩子玩手机、说脏话、不好好上学、考试成绩不理想、早恋等行为，已经焦虑到失眠。

特别是孩子在青春期时，许多父母更是觉得自己养了个白眼狼，怎么之前那个可爱、乖巧、听话的孩子不见了？以前不顶嘴，现在顶嘴了；以前很黏父母，现在也不黏了。孩子与父母似乎渐行渐远。

在这一节的实践练习中，我们可以去看看，对于我们的孩子，从身体形象到各种行为，有哪些是我们不能接受的。

在练习纸上画一条竖线，线的左边写下你不能接受的行为以及这些行为带给你的感受，线的右边写下你可以接受的行为以及这些行为带给你的感受。

通过这样的探索，我们可以更多地了解自己的界限，对自己有更清楚的认知。对于一件事不能接受，我们可以看看，究竟是什么让自己不能接受。

孩子的所有行为，都可能是通往我们自己内在的一条线索，都可以变成一次自我认知的机会。

比如，孩子玩手机，你觉得这是一个你不能接受的行为，那么，我们可以就这件事情进行探索。你可以问自己，你真正不能接受的是什么，是孩子玩手机本身吗？

你是不是觉得，在他玩手机的时候，你和他之间失去了连接？或者，你是不是真的很担心玩手机会伤害他的眼睛？还是你认为他没有照顾好自己，没有活在积极向上的状态中？还是你认为这会影响到他的学业，网络上的内容会伤害到他？观察一下自己。

你可能在担心，也可能在害怕。那么，这些担心和害怕是关于什么的？比如，你是不是害怕自己不能做一个好母亲或好父亲，害怕自己没有尽到责任？你是不是害怕自己犯错，所以不想让孩子犯错？

当你发现自己不能接受的真相时，你可以找个机会，向孩子分享，告诉他你不能接纳他的一些行为，以及不能接纳的原因。然后，你们之间可以达成一种约定，看看他怎么做可以帮助到你。你也可以借此机会去倾听他，让他告诉你那样做的理由。邀请他分享一下喜欢玩手机的原因，说一说为什么会做出那些父母不能接受的行为。

原因可能有很多种，不管是什么，我们都不要去评判和指责，去看看这些行为背后的渴望，有时候孩子玩手机，并不是因为手机有多好玩，而是因为找不到更好玩的东西。

有个孩子对我说："我每天都玩手机，玩得很焦虑，但还是不想停下来，因为停下来更无聊。我也知道玩太长时间手机不好,但是我没有办法。"

如果你能接受他的理由,那么没有问题。如果不能接受,你可以观察他、了解自己,并跟他表达。记住,是带着分享的目的,而不是操控。父母常常有一种权威感,觉得孩子必须听自己的,习惯用"我都是为你好"之类的表达去控制孩子。但实际上,也许连我们自己都听腻了这样的言辞。我们真的都是为了孩子好吗?

有时孩子会跟我们争吵,会跟我们发生冲突,他们也许也认为我们错了。那么好的,没有关系,我们可以往后退一步,停下来,问问自己是不是真的错了。去倾听他们,不必争吵也不必争斗,我们可以把这样不一致的状态当成沟通和觉察的机会,接受这个机会。

当我们学着接受孩子的时候,孩子也会学着去接受他们自己。如果我们有很多不能接受的部分,也可以学习去接受自己的"不接受"。我们都是普通人,有很多人、事和行为不在我们的接受范围中,没有关系,让孩子知道,我们就是有很多不能接受的事物。你只是在告诉他你是一个怎样的人,并不意味着你不接受,孩子就必须完全满足你的需求,必须听你的。

在这个时候，针对孩子的行为，你也可以想一想能让他学习的部分是什么。在这个过程中，你也会有所学习。

如果去对抗孩子，和孩子战斗，尝试操控他，那么你和孩子之间就会形成一个战场。这个战场会使你们很难拥有顺畅而亲密的关系。

试着敞开胸怀，打开双臂，对你的孩子，对作为一个生命的他，你是完全接纳的，并且对他所拥有的无限可能性保持尊重。你不知道他会遇到什么样的因缘，拥有怎样的潜能。

对于孩子的一些行为，你可以不接受，甚至表示你的不喜欢，这是很重要的。同时，你也要接受自己的喜好厌恶，跟孩子分享你在乎什么、喜欢什么、不喜欢什么。这样，他们会知道你的感受，了解你的界限。

你不需要假装一切都好，也不需要用父亲或母亲这个角色来制约自身，你除了是父母，还是一个鲜活的人。

练习

分别写下你所接受与不接受的孩子的行为，去感受，看看会有什么收获，再看看这些行为，哪些与你有关。不妨了解一下这些行为背后的动机与渴望。

离开 6

每当我们想抓住孩子的时候，都可能是想用孩子来缓解自己的焦虑和空虚。然而，孩子的成长，就是伴随着离开而发生的。

谢谢你继续着我们的课程，也谢谢你乐意把这本书分享给更多的朋友。生命的美好之处就在于我们可以分享，分享我们的观点和感受，分享我们物质层面或精神层面的东西。

分享可以带来内在的扩张，可以把我们带到当下，也可以让我们更好地了解自己。在我看来，真正的慷慨精神，就来自分享。与此同时，我很清楚，我向大家分享的只是一些我个人的经验、感受、观点和练习方法。它们不是绝对的真理，也无关于哪一门理论体系，你可以保持开放的态度，可以反对，可以质疑，一个人有自己的思考是非常重要的。

关于离开：不管怎么样，我们每个人都会成长；不管怎么样，一切都会过去；不管怎么样，所有的关系，从某种层面来说，都会走向分离。

孩子的第一次离开来自出生，从母亲的子宫里离开。基于意识的扩张，孩子在七岁左右又会有一次离开，他会去上学，会有朋友。十四岁左右，他的青春期来了，对父母的依赖更少，更多地投入到自己的人际关系中，他有了更多朋友，父母会感觉孩子离自己更远了一些。

差不多到二十一岁，孩子可能就会离开这个家庭，自己照顾自己了。有些人在读大学，有些人在工作，有些人开始了恋爱，对父母的依赖越来越少。最后，孩子会成家立业，成为父亲或者母亲，并开始反过来照顾父母。

所以，你的孩子从出生开始，离开就一直伴随着他。通过离开，他丰满自己的羽翼，去成长，去找到自己的路。

如果父母阻止孩子离开，那么孩子就可能会被过度保护，他就会不想长大，想一直被保护着。而父母似乎也觉得自己有了价值，可以去保护孩子，哪怕孩子已经三四十岁了，仍然要把孩子保护起来。

如果我们去观察那些长期被父母保护的孩子，就会很容易发现一些特征。孩子其实是被控制了，难以在心理上真正离开父母。

被父母过度保护的孩子很难学会离开，内在的力量也很难发展起来。

我们从小接受的教育里，很多声音都在告诉我们"要听从父母，否则就不是好孩子"，而父母也充满操控心，很少真的去倾听孩子、尊重孩子的想法。这样，孩子做什么事情都会去关注父母、听从父母的意见，很难有自己独立的思考和想法。

就像很多婆媳关系中的难题，不是难在关系本身，而是难在丈夫在其中的行为。比如说，无论母亲怎么批评、指责自己的妻子，作为丈夫，就是没有力量说出自己的真实感受，就是不敢向母亲表达真实想法。这样一来，妻子就很容易处于孤立被动的局面，因而也就不难理解，为什么妻子要么激烈地反抗，要么忍气吞声地压抑。

因此，作为父母，要学会如何在适当的时候放手，让孩子离开，让他去找到自己的力量。

在他摔倒的时候，给他自己站起来的机会，我们不要做他的拐杖。在他遇到困惑、有许多问题的时候，我们不要做他的消防员，而要给他提供一个空间，信任他，和他一起面对，不要急于给出一个答案。

作为父母的我们，常常会选择一种懒惰的方式，就是直接给孩子一个答案。这种方式不仅限制了孩子，也让孩子变得懒惰，他将没有机会和自己的问题有更多的相处时间。人其实是可以活在问题当中的，答案有时比问题更廉价。

在孩子需要你帮助的时候，关心他、支持他、陪伴他，但不要替他解决问题。你是那个可以教他怎么钓鱼的人，而不是一直给他做鱼吃的人。

在孩子想要独处的时候，放手让他独处，信任他的智慧，信任生命的力量。在孩子被自己人性中的弱点操控时，在看到他走向堕落时，给他坚定的力量，帮助他战胜自己。你可以用你的力量，稳稳地守住他。

我们忘记做的，往往是放手，让孩子体验属于他的人生。没关系的，你照顾好自己，允许他离开，毕竟你不可能保护孩子一辈子。

有些靠打猎为生的古老部族，在孩子满十四岁的时候，会把孩子送到森林里完成试炼，他们要努力让自己活下来，练就各种本领。能再次回到部落的孩子，父母会给他举行成人礼，宣布自己的孩子已经成人，接着就会完全放手。当然，也有孩子在森林里死亡，再也没有回到部落，父母也会认为这是一种自然，不会内疚，不会认为自己做错了什么。

他们似乎有一种天然的看透生死的能力，生与死就像白天和黑夜一样自然。

现在，很多孩子就像生活在温室当中一样。我有一个北京的学员，她的孩子生病了，一次小感冒，父亲母亲、爷爷奶奶，全家出动跑到医院挂了儿科的号。医生说是发烧，用物理降温就好，奶奶死活不肯回家，非让医生给孩子挂点滴，然后和医生吵起来了。这一吵，导致奶奶的高血压和心脏病犯了，还要给奶奶做抢救。

我的一个朋友说，他孩子每次生病送到医院，哪怕只是小感冒，医生也会立刻输液，一场感冒要花一千多元。

我无意抨击谁，只是觉得现在的孩子都像温室里的花朵，对于痛苦的承受能力太差。父母为孩子承担了太多本应该由孩子自己承担的事情，总想一手包办，似乎这样自己就是好父亲、好母亲了。

很多时候，我们剥夺了孩子自己成长的机会。如果孩子没有办法离开父母这种全权负责、大包大揽的状态，遇到痛苦就很难有能力去面对。孩子没有能力对温室说再见，就很难去面对外面世界的风吹雨打。

我们要帮助孩子离开，这是他成长中必经的路。

很多父母一生都很辛苦，为孩子操碎了心。他们把所有的精力都花在孩子身上，放弃了自己的爱好、梦想，只为照顾好孩子。

而等孩子大了,父母也觉得自己老了,恍然间觉得生命过得差不多了。但是,一个人在另一个人身上投入的关注越多,想要放下就越困难。为此,父母还想死死抓住孩子不放,而孩子需要活出自己的力量,想要挣脱父母。于是,父母就会失望,甚至绝望。

在这里,给大家提供一个可以在生活中使用的练习。这个练习需要你和孩子一起完成。如果孩子不愿意,没关系,你可以选择其他人和你一起来做。

练习

来到一个空旷的地方，与孩子约定，你站在一个位置不动，孩子背朝你向前走，整个过程不要回头。请他走得慢一点，你就这么看着他的背影，看着他一步一步离开你。每离开一步，你有着怎样的心情？你是否可以真的只是祝福他，可以放手？对自己保持觉察。

请孩子在离你大概五十或一百米的位置停下来，他还是在你视线之内。请他停留一两分钟，去注视他的背影，不断留意自己的感受和身体的反应。之后，请他转身一步一步很慢地朝你走来，继续注意你自己的感受。

做完之后，你和孩子都可以分享一下自己的体验、感受。

放下角色

7

我们如果不把孩子
当成自己的孩子,
也不强迫自己做完美的父母,
那么,
我们就有可能从一个人的角度、
真正去了解孩子、看到孩子。

上一节我们谈到了离开，允许孩子用他的方式离开。

他也许上一分钟还在你的怀里，下一分钟看到另一个让他感兴趣的事物，可能只是一片叶子，那么，允许他离开。

如果他想学音乐，而你想让他学画画，那么，也请你允许他从你的想法中离开。放手，然后，他会回来的。

你的生命也有属于自己的道路，你不用为了孩子的路而忽略自己。你的牺牲并不能帮到孩子，当你为你的生命而活时，孩子也自然会学到为他的生命而活，重要的不是言传，而是身教。

这个世界给了父母这个角色太多的台词、要求和标准，让父母们非常焦虑，似乎孩子的不幸福、不快乐和不成功，都是他们的错。

在我们那个年代，孩子很怕父母，而现在这个年代，很多父母怕孩子。为什么怕孩子呢？怕自己犯错，怕自己做不好父母的角色，怕给孩子造成心理创伤。

于是有的父母就完全放弃，什么也不说，什么也不做，心想这样总不会给孩子什么心理创伤了吧。而有人说，这是在使用冷暴力，这是最大的伤害。一位父亲听到这种话愤怒了："我难道伤害自己也不行吗？"对，伤害自己也不行。

亲子关系不知从何时起，成了时代的一个重要主题。父母见面、学校开家长会，无不谈及现在父母难当、孩子难管，再加上手机和网络游戏每天都在吸引着孩子的注意力，更是让亲子关系蒙上了许多无奈的影子。

有时候，父母会感觉被孩子控制了，孩子一不高兴，父母就乖乖听话。对于这种现象，我们可以做些什么呢？我没有办法给你一个立竿见影的解决办法，但我想问的是，真实的你是谁？

如果你不是父亲或母亲的角色，你是谁？

如果你不需要做完美的父母，你感觉怎么样？

如果你真的尊重孩子自己的人生道路，接受他任何可能的结果，并且了解他需要承担起的责任，你感觉怎么样？

在关系里，你可不可以只是做你自己？

你敢不敢，只管让自己幸福起来？

父母这个角色，已经让父母太累了。这样的角色压力，也实在过重了。

当父母想要为孩子的幸福负责时，孩子自然就不想负责了。所以，让孩子承担起自己生命的责任，让父母从角色中解脱出来。当你放下为孩子的幸福负责的念头时，孩子必定在适当的时候，找到自己的力量。

何况，父母说要为孩子的幸福负责，往往不过是一种自大和傲慢。

孩子会慢慢向你证明你傲慢的失败，于是你会对自己产生失望的情绪。这其实也是好事，能让你明白，很多事情你做不到也不必做到。

我们可以向孩子承认，有很多事我们做不到，也不知道怎么做。在某些层面，我们真的不知道什么才是对孩子最好的，我们甚至不知道什么对自己才是最好的。

心理学家朱迪斯·哈里斯致力于儿童发展与人格的研究，她写过一本书《教养的迷思》，通过多年研究得出一个结论：父母的教养并不能对孩子的人格产生影响。

这个结论解放了很多父母，让他们从那些内疚自责的故事中解脱出来。很多父母总以为自己的言行会对孩子的人格造成决定性影响，其实不然。

有些父母看到孩子失败了，就责怪自己教得不好，心存内疚。还有些父母看到孩子成功了，就喜欢炫耀，觉得功劳都是自己的，好像真的是自己培养出了一个天才。这其实都是过于看重自己的状态。因为把自己看得过重，很多压力也随之而来。

教养孩子这件事，我一直认为很容易，因为我不会过多干涉孩子，阻止孩子成长，我有自己的生活要过。我的女儿在十四岁的时候，自己选择要去美国，我能做的就是支持她，我不会否定她的决定，也不会担心她照顾不好自己，我选择信任她。

除了爱她，我什么都不想做。

我不会把自己的期望强加给她。我希望她幸福，但也可以接受她不幸福；我希望她善良，但也可以接受她心怀不善；我希望她可以进入大学，但如果她不想上大学，我也接受。

后来，她自己选择了美国的一所大学学习野生动物保护，我支持她；她决定休息一年再去读大学，我喜欢也感激她的这个决定；再后来由于疫情，她决定不去美国，选择了澳大利亚昆士兰大学，我也没有意见。我不会帮她做决定，我爱她，但是不会代替她过她的人生。

我是她的母亲，但我更是一个人，一个爱她的人。我高兴也感激她可以接受我的爱。

她在家的时候会玩手机，我会和她结伴玩手机游戏。有时她弄出的声音很大，唱歌或玩乐器，我不会把这当成是一种噪声，我欣然接受。她找到了她喜欢的东西，音乐、画画、舞蹈，她喜欢动物，关注环境，关心这个世界，也担忧人工智能可能带给人类的负面影响。

我只想为她的生命喝彩，为她的人生鼓掌，做一个陪伴者，而不只是她的母亲。无论她怎样演出，都是精彩的。

我不会去管她的作业，也不会要求她必须干什么，我完全允许她自我负责。也许她的人生中，会有人否定她、轻视她，但我不想做那个人，我不喜欢那样的自己，我只想做我自己可以喜欢的人。

我想过好自己的人生，同时愿意把她容纳进来。有许多父母对我说，他们对孩子没什么期待，孩子开心就好，我就会问他们："你们自己开心吗？"

我不认为孩子的一生只要开心就好，也不会让我的孩子一味地追求快乐。对我而言，只是快乐也没什么意思。我也不想被母亲的角色操控，更多的时间里，我是一个人，我想善待自己，遵从自己的道路。

练习

沉思一下,离开各种身份认同,离开各种角色,你是谁?不断地问"我是谁",让答案一层层展现出来。

感激

8

孩子，很抱歉，
很多时候，
我都对你缺少感激。

身为父母，你会如何感激自己的孩子？我们对孩子，有多少时间是心怀感激的？此时此刻，你是感激他们，还是在生他们的气，担心他们，为他们的学习发愁？

现在，无论你处于什么样的状态，都可以试着邀请你内在的感激出现在心里。当它被呼唤出来时，留意你身体的反应，允许它在你的身体里流动、蔓延。

你能感觉到身体是放松的、柔软的，处于接纳的状态。你不需要防备，也不需要和自己战斗，当然，你也无须和孩子战斗。深呼吸一下，帮助自己来到此时此地，让你此刻就可以体会到感激。

有时候，只需要一个呼唤，心中的感激之情就会出现。

如果你此刻没有感激，也没关系，你可以回想一下，在过去的时间里，你曾在什么时候对孩子有过感谢？让那个感激出现。也许是很久以前，也许是昨天，让它降临于你。

深呼吸，去感觉你把感激完全地吸收进来。如果你曾经有过感激，之后又不见了，去留意它是什么时候不见的。发生了什么，让你从感激中退出？你允许了什么情绪来主导你？失望、恐惧，还是害怕、担忧？

如果你觉察到了这些负面情绪，那么请释放它们，你不需要紧抓着这些情绪不放。当你抓住负面情绪不放时，负面情绪也就抓住了你。让它们自由，让它们来了又走，允许感激呈现出来。

无论你的孩子现在处于什么状态，无论他年龄多大，无论他曾经做过什么或者没做什么，你都可以呼唤心中的感激之情，让它浮现出来。试试看。

那些感激之情，不在外面，不在我这里，而在你的内心，从未消失过。你只需轻轻呼唤，它就会出现。它在等你，而且已经等了很久。让感激出现吧，让它活着，让它热烈地活着。

如果你注意到身体有紧绷的地方，放松下来，或者只是注意到就好，不需要做什么。对身体出现的一切状态，你都可以心存感激。

当我想对孩子，特别是对青春期的孩子表达感激时，如果心里有其他声音来控制我，我不会听它们的。那些声音也许会说"我不想感激，他做得还不够好，他应该来感激我""他上次让我生气了，他不听话""他还在玩手机，不好好上学"，等等。

不要让这些声音做你的主，你要知道，你才是主人，你可以允许感激到来。给感激一个机会，给感激一个存活的空间。

一位母亲给我发消息，说她儿子厌学，每天打游戏到很晚。作为母亲的她不知所措，总想做些什么，又不知道怎么做。骂过打过，但是效果都不好，母子之间变得像陌生人一般。后来有一天，她听我谈到感激这个部分，于是做了一个决定。

她决定每天早晚都在心里给儿子发送感激信息，也把这些感激记在日记本上。

她说她没读过多少书，不知道如何教育孩子，在听了我的课之后，只记住了感激，于是就去践行这个方法。她从来没有对孩子当面表达过感激，即使上了我的课，也还是做不到。所以，她就每天在笔记本上写下所有感激的内容，无论孩子做了什么，她都感激。她说她没有其他方法，也找不到其他的路，她羡慕那些懂得很多知识的人，可她只会这个，也觉得这个简单些。

她就这么每天练习、记录、呼唤自己的感激之情。几个月过去，她还是没有当面向孩子表达，但是她感觉到，自己内在有些东西变得柔软了。她发现自己在这段时间里没有指责过孩子，也感到在不知不觉中，自己和孩子变得亲密了。有一天，孩子对她说："妈妈，你变了，我发现我很爱你。"

那一刻，她流泪了，拥抱着她十二岁的孩子说："谢谢你，儿子，让我感受到作为一个母亲的荣耀和爱。"

之后，她儿子对学习也产生了更多的兴趣，玩手机的时间减少了很多。她觉得很神奇，她说她只是每天在心里感激孩子，然后自己变了，孩子也变了。

在亲子关系中，我们可能常常想去改变孩子，很多父母试过各种方法，效果都不是很好。这些改变孩子的努力，都是因为觉得孩子不够好，必须符合某些标准。为此，我们想用各种方式来操控孩子。

必须承认的一点是，也有人在学了我的课程之后，用那些沟通技巧去控制孩子，这跟我所要传递的信息背道而驰了。

我们感激孩子，并不是为了控制他们。只是去感激，你就会发现，你慢慢变富有了。你心中多了一些美好的东西，那些抱怨、指责、失望之类的情绪靠边站，而感激出现。就像你的银行卡里有更多的钱进来，受益人其实是你。那些抱怨、不满的情绪，其实是取走你钱的能量，它们取得越来越多，而你又没有钱存进去，内心就会匮乏。

不断地"存钱"进去，你就会变得越来越富有。我们每天不断地练习，心灵的肌肉就会越来越发达。

在我们接受的教育里，总在说要感恩、顺从父母，而父母在养育孩子的过程中，似乎也有这样的渴望，总觉得自己付出了很多，一直等待着孩子长大了能够感恩、回报自己，似乎养个孩子，就是为了老了之后能有人来照顾。这样的渴望无可厚非，但却凸显出某种要求和功利，如果发现孩子没有这份感恩，父母就会失望。在这一点上，我相信很多父母都有过同样的感受。

我认为，真正的回报不是将来某天等孩子长大了、懂事了，来感激我们。真正的回报，是此刻我们心中对孩子充满感激之情。这样的感激本身就是回报。孩子的存在唤醒了我们的感激，这是当下的报答，也是最快的报答。

阳光洒在身上，多么温暖；双脚踩在大地上，多么踏实。

我们的根可以深入大地，我们的双手可以伸向天空，我们的灵魂可以自由飞翔。每个人都带有翅膀，每个人都心存感激。

此刻，我深吸一口气，双手合十，请允许我向你内在的神性顶礼膜拜，愿我的善念和感激可以传递给你，再通过你传递给更多的人。

练习

如果此时此刻，你对孩子有一些感激的话，会是什么？把它写下来。

超越父母

9

你是否允许你的孩子比你更优秀？

你是否在阻碍孩子的成长？

我们除了是父母，还是一个人，一个独立的个体。如何超越角色，突破信念的制约呢？有时我们就像笼子里的鸟儿，外面有一整片天空，我们却自己关住了自己。作为父母，你对自己有什么样的要求呢？你理想中的父母是什么样的？

不用急着去回答，若回答不了，也无须评判自己。这一节同样需要大家一起来做练习，需要大家带着一点耐心和一点诚实。练习非常简单，就是不断给自己提出问题，比如关于一个父亲或母亲的任何问题。先不管答案，只管提问。提出问题，写下来，然后再回过头来回答这些问题。

接下来，我会给大家提出问题。你在读到这些问题的时候，可能自然而然有一些想法和感受升起来，去注意它们。每看完一个问题，允许自己沉思一会儿，跟你的答案待在一起，然后再进入下一个问题。

我只提出七个问题，之后，你可以向自己提问。

第一个问题：你最不喜欢你孩子的什么地方？无论什么答案都可以。

第二个问题：如果你的孩子不是你的孩子，你以一个陌生人的身份去看他，你觉得这是一个什么样的孩子？给自己一点时间，感觉一下。

第三个问题：如果你有一个魔法棒，可以让你的孩子变成任何你想要的样子，你会把他变成什么样子？深呼吸一下，留意自己的心理活动。

第四个问题：如果你之前对孩子的所有看法都是错误的，你感觉怎么样？请继续感觉自己。

第五个问题：你认为你的孩子目前最大的问题是什么？你认为他自己能处理好吗？

第六个问题：你可以接受孩子最坏的程度是什么？想想看，什么样的答案都可以，允许自己的想法是自由的。

第七个问题：如果你所做的一切努力都影响不到孩子的幸福，你感觉怎么样？放轻松一些，只是留意心中浮现的感觉和想法。

我就提出这些问题，以便你从不同的角度去觉察内心的感受。我所提供的、所做的，不外乎是为了让你有机会去向内探索、观察。我想，我们可以从父母的角色中解放出来。当今父母不是做得太少，而是做得太多。父母做得太多，孩子自然就会做得少，甚至不知道如何做。

有可能这些问题并没有帮助到你。那么，你可以给自己提出问题。你可以问问自己，你真正的问题是什么。每当问题出现的时候，你都可以继续问："这就是我真正的问题吗？"

最后，分享一首纪伯伦的诗给你：

你们的孩子，都不是你们的孩子，
乃是"生命"为自己所渴望的儿女。
他们是借你们而来，却不是从你们而来，
他们虽和你们同在，却不属于你们。

你们可以给他们以爱，却不可给他们以思想，
因为他们有自己的思想。
你们可以荫庇他们的身体，却不能荫庇他们的灵魂，
因为他们的灵魂，是住在"明日"的宅中，那是你们在梦中也不能想见的。
你们可以努力去模仿他们，却不能使他们来像你们，
因为生命是不倒行的，也不与"昨日"一同停留。
…………

练习

写下你对自己的提问。

传承

⑩

你希望你的孩子
把你的哪些精神传承下去？
你希望你的子孙怎样看待你？

你是否给自己提出了一些很美、很想探索的问题？这些提问，对你的处境和状况是否有所帮助？

这一节是第二部分的最后一课了。我要恭喜你，并且感激你，因为我们一起走了这么久的路。我也要感激自己，感激自己在这个过程中真的投入和敞开，连接到自己柔软而温暖的心。

我想邀请你来做个冥想，这一冥想方式来自加拿大的一名儿童青少年发展心理学专家。

找一个不被打扰的地方，你可以坐着，也可以躺着，只是在冥想的过程中不要让自己睡着了。

请你闭上眼睛，去注意你的脚趾，然后放松。注意到你的小腿，然后放松。同时，你的大腿也放松下来。注意你的腹部，让腹部也放松下来，再感受你的后背，让后背也放松下来。

轻轻地动一下你的手指，感觉到它，然后放松下来。接着，让你整个手臂、肩膀、胸腔都放松下来。注意你的脖子、后脑勺、头顶、整个头皮，让它们放松下来。

你的脸颊、眼睛、嘴巴、牙齿、舌头，整个面部都放松下来。你整个人是很舒服地坐着或躺着的。好，你现在已经完全放松了下来。

在很久以前，一个女人和一个男人结合了，然后这世间拥有了一个新的生命。在经历了十月怀胎后，伴随着第一声啼哭，一个孩子降临在这个世界，这个孩子就是你。

你来到了这个世界。这个世界对你来说是陌生的。你有一个父亲和一个母亲，你接受哺乳，在父母的怀里成长。渐渐地，你能够站起来行走，也学会了说话，从牙牙学语到喊爸爸妈妈。你读书，熟悉了各种文字，对语言也越来越了解，你开始通过肢体和语言与人互动。

你进入小学，接受学校的教育，知识被传递给你。你有了小伙伴。之后，你进入初中，离父母稍远了一些，在这里，你发生了什么呢？还记得哪些人在你周围吗？再后来，你对异性也有了好奇，或你开始了你的初恋，还记得他的模样吗？你是否还记得那时候的心情？你继续学习，也许后来还上了大学。那时候的你是个怎样的人呢？你喜欢那个青春年少的你吗？

时间流逝，而你也在成长。你开始参加工作。还记得你的第一份工作吗？那时你的心境如何？第一个月的工资是怎么花的呢？还记得那个时候，你拿到金钱的感觉是什么样的吗？后来，你认识了更多的人，曾经的同学和朋友可能已不怎么联系。你也许离开了生养你的地方，也许还在那里生活。

后来，你结婚了，结婚对象是你真心爱着的吗？是什么让你做出结婚的决定呢？你现在还爱他吗？婚姻给你带来了怎样的体验？

再后来，你有了自己的孩子，父母也变老许多。你开始抚养孩子，同时可能还需要工作。你花了很多时间去工作、照顾家庭。你还记得之前的梦想和爱好吗？在这个过程中，你是否真的遵循了自己内心的渴望。你尊重自己吗？你爱自己吗？

时间像水一样流淌，我们就在时间的河流里逐渐成长。你的孩子越来越大，他们也开始了小学、初中、高中、大学的生活。之后，他们也会参加工作，跟你相聚的时间越来越少。

而你的年龄已经很大，经历过生命的风风雨雨。你的父亲和母亲早已离开了这个世界，而你也即将和这个世界告别。你也许是八十岁，也许是九十岁，也许是更大的年龄，在你即将完成最后一次呼吸前，你还有一句话会被记录下来，这句话是你一生总结出的智慧。你心底会有一个声音，关于整个生命的智慧，你最想告诉下一代的是什么？

在你离开这个世界之前，你最想把怎样的一种智慧传递给你的孩子？

当它被说出来时，请你重复一遍，再重复一遍，再重复一遍。

现在，我邀请你深深地呼吸，记住你这句智慧之言。然后轻轻地动一下你的脚趾、手指，感觉到自己的呼吸，感觉到自己活在此时此刻。接着慢慢地睁开眼睛，看看周围，如果可以，给自己一个拥抱。

和自己待一会儿，安静地待一会儿。去感受自身的存在，也感受从你心底流淌出的那句智慧之言。在适当的时候，你可以把这句智慧之言传递给孩子。当然，你也可以一直留存心间，并活出你这一生的智慧。

练习

把以上冥想的内容，从"请你闭上眼睛"开始缓慢阅读至结束，并录音，然后听着录音，开始你的冥想旅程。

Part Three

第三部分 · 向自己致敬

情绪

1

情绪就像世间的各种风景,
也像季节的变化,
所有想要控制或消灭情绪的努力,
最后都失败了。

首先，作为人，我们所有的情绪都是正常的，也是自然的。

你此刻的情绪状态是怎样的？你此刻的感受如何？高兴？平静？悲伤？烦躁？不安？不管是什么，你有没有觉察到自己的情绪状态？

所有的情绪都会在身体上有所反应，这种反应，我们称之为感受。感受也可以说是一种波动的状态，我们会把它命名为喜悦、愤怒，等等。

感受大体可以分为两类：一类是会使身体收紧的，比如恐惧、愤怒、焦虑、痛苦等；另一类是会使身体舒展的，比如高兴、愉悦、开心、温暖等。

许多时候，我们喜欢这个情绪，而不喜欢那个情绪，这也是我们受苦的原因之一。很多人只喜欢快乐，那悲伤怎么办？压抑、无视，时间久了，身体就会紧绷。

其次，所有的情绪都是有力量的。

假如你走在大街上，突然有个人抢你的包，你的愤怒被调动出来，一边喊一边去追他，因为你实在很愤怒，所以力量就变得特别强，跑的速度比平时快很多。

恐惧也是如此。你来到一片森林，忽然看到一只狮子在远处，你所出现的情绪也会带来力量，恐惧会推动你赶紧跑。

任何情绪都会带来力量，关键在于我们把这个力量拿来干什么。愤怒的情绪发泄在孩子身上，就会使孩子受到惊吓。如果因为发泄愤怒，而让对方受到了实质性的伤害，那么就变成了暴力事件。

情绪的力量是非常大的，特别是负面情绪，比如委屈、悲伤、愤怒，这些让你身体感到紧锁的能量。然而，负面情绪也可以转化成积极正向的能量。比如韩信受胯下之辱，就把屈辱愤怒的力量转化为成就大业的力量。

如果你认为自己身上有很多负面的情绪，可以去观察并且写下来，看看这些情绪的力量可以怎么使用，可以转化到哪里。

最后我想说的是，所有情绪都是变化的，没有一种情绪会永远停在那里。

如果你此刻很烦躁，那么很好，注意到它；如果你此刻很悲伤，那么很好，注意到它；如果你此刻很生气，那么也很好，注意到它。你只需要注意到它们。

有很多书籍和课程都在教我们如何控制好自己的情绪。那么，我们的情绪控制得怎么样了？我不太使用"控制情绪"这个表达，也很少去控制它。事实上，情绪是不受控制的，你今天控制了，明天它还会来。但有一点是清楚的，无论怎样的情绪，最终都会离开。不会说你此刻感到愤怒，这辈子就只有愤怒了。你不会愤怒一辈子，你也做不到。

愤怒来了又走，只是有些人的情绪来得快去得快，有些人去得慢一些。比如我们正开着车，突然一辆车从后面冲到了前面，我们在心里骂了句脏话表达了愤怒。表达完之后，情绪慢慢恢复平静。刚平静一会儿，发现前面在堵车，而自己约了一个重要的客户谈合同。这个时候，我们出现了着急、焦虑的情绪，还夹杂着莫名的愤怒。

而这一切，都不在我们的掌控范围内。

那么，我们究竟该拿情绪怎么办呢？

对于情绪，我们一般会采用发泄的方式。把情绪发泄到某人或某物上。但这样做效果并不理想，会影响到我们与他人的关系，之后我们又很可能会后悔、内疚。

还有一种方式，就是压抑。这是很多人都会选择的方式，但是压抑久了,就会导致身体上的不适。

那么,有没有更好的处理方法呢?有。下面我们就来学习这个方法,三个步骤:允许,观察,呼出。

首先,当我们有情绪的时候,接受它、允许它,不要对抗,不要评判。也有人把这个步骤称为"臣服"。

接着,观察情绪的升起、变化和灭去。恐惧来了,知道它;悲伤来了,知道它;开心来了,知道它;愤怒来了,知道它。你是能观察到情绪的。就像观察云彩一样,看着这些情绪到来,感受它、了解它,就像对待老朋友一样。

如果你开始评判自己,那么也去观察你的评判。情绪是一定会走的,你可以看看,既然它来了,什么时候走呢?以一种轻松的方式去观察。

我现在说起来轻松,但如果想做到,需要长久的练习。因为我们接受的教育没有教导过我们观察自己的情绪、注意自己的感受。你现在就可以来练习。观察一下,你此刻的感受是什么?

在一段关系中,有些时候,我们只需要说出自己的感受就能增进彼此的亲密。不需要讲那么多道理,不需要说那么多恐吓孩子的话,也不需要批评你的丈夫或妻子。

前提是,我们要能观察到自己的情绪状态,不被情绪淹没。在某些愤怒的时候,我们完全被情绪控制,就像情绪的奴隶。这是因为我们的观察力还不够,这也是为什么我们需要不断练习。我想,这可以成为我们一辈子的功课。

最后,把你观察到的,不管是什么,通过长呼一口气,有意识地呼出来。需要的话,可以反复多次,不断地把情绪呼出、释放。

你也可以把这个方法分享给朋友和亲人。如果我只能选择一个礼物送给我的孩子,我会选择教他"观察自己"的能力。因为真正的智慧,一定是在我们的"里边"。

每当有情绪来的时候,允许它,然后观察它、呼出它,这就是与情绪的相处之道。

练习

观察自己此时此刻的情绪状态，可以写下来，然后遵照以上三个步骤练习。

想法

我们对自己的想法是无法控制的，不知道它什么时候来，也不知道它什么时候离开。

②

一个人会有情绪，也会有想法。思考的能力是为人类所独有的，我们会有自己的观点、信念、态度，等等。

这一节，我们来谈谈想法。

想法是怎么来的呢？为什么它们来了，又为什么不见了？我们该拿它们怎么办？是我们在操纵想法，还是想法在操纵我们？作为人，我们究竟有多少自由？

行走在路上，眼睛所见、耳朵所听之处，都有想法随之升起。每一刻，我们的想法都在闪现，我们总是在评判，觉得这个好、那个不好。

想法就像水泡一样不断冒出来。我们和这些影响我们生命的想法之间，究竟有着怎样的关系？

如果去留意、观察，我们也许会发现，很多想法其实是可以变化的。只是很多人会主动或被动地不断强化想法，以至于头脑长期被其占据。

我们常常会被"我不够好"的想法操控，对自己总是不满意。我们批判自己，找自己的不足，也把这样的不满投射到外界和伴侣身上，久而久之，我们开始嫌弃这个、讨厌那个。

我们的内在的确是在不断生出各种想法，这些想法本来是可以离开的，但我们总是选择把想法当真。比如，我们认为"都是别人的错"，这本来只是一个想法，它冒出来了，也很快会离开。而我们选择了相信它，把错误归于别人，把矛头指向他人。有时我们会忽然对另一个人说"我忍你很久了"，而别人可能莫名其妙，不知道发生了什么。

有时，我们对自己的想法又会产生想法。不在念头起念，就是无念。如果第一个想法已经让我们受了一箭，那就不要再加评判了，这就是禅宗说的"不受二箭"。

你能觉知到你的想法，并且观察它，这个想法就是你观察的对象。去看到我们是如何被自己的想法操控的。很多情绪的根源，就在于我们的想法。

你看到孩子很晚才放学回家，头脑里立即会有一个想法。这个想法，也可以称为解读，解读出现，你的感受也会升起。

你可能会想，孩子今天放学很晚，是因为老师布置了很多作业。你会想他读书很辛苦。

你也有可能会想，孩子今天很晚回家，是因为他不想回家，不喜欢这个家。明明很早就放了学，却磨磨蹭蹭才回来。这么想，你的负面情绪可能就会出现。

我们的情绪感受来自想法，但是我们很少看到这点。我们习惯性地认为：我心情不好，就是因为孩子放学回家太晚了。

我们的想法不断地告诉我们：责任和错误都是别人的。我们对自己的想法太当真了。我们可以去质疑它，也可以把它当成一片云，允许想法来了又走。

比如，有个人曾经骂过你，这件事本身已经过去了，但你的想法是"那个人不尊重我"，并且抓住这点不放，一直生气，最终变成了自我伤害。

我们执着于自己的一些想法，好像就是舍不得让它们走。如果没有这些想法，我们会怎么样呢？

网络时代，各种讯息漫天纷飞。我们需要留意，看看是不是一边渴望有温润心灵的讯息来滋养、灌溉自己，一边又抓住不适宜的讯息，受着负面影响，却还舍不得让它离开。

练习

随便看看、听听，无论看到什么、听到什么，如果你头脑里出现想法，把它写下来。不要漏掉也不要修饰，原原本本地记录下来。

这个练习，你可以在家里做，也可以在街上做，但是要让自己处于可以行走的状态。你也可以和孩子、爱人一起做，做完之后，分享记录下来的内容，聊聊分享之后的感觉。

觉知 ③

觉知就像黑暗中的灯,照亮我们前行的路。而它也是一把双刃剑。

生命的河流一直流淌着，我们不可能永远处于一种状态。我们的状态也跟自然天气一样，会阳光明媚，会风暴雪雨，会雷电交加。我们竭尽全力只想要某一种风景，只想要阳光，只想要温暖的季节，但不管怎么努力、怎么控制，都会不可避免地遇到这些不同的状态。

而真正重要的是什么呢？

真正重要的，是我们能觉知到这一切。悲伤来了，我们知道；欢乐来了，我们知道；一个想法来了，我们知道；另一个想法来了，我们也知道。

这个知道，我们称之为觉知。觉知自己的呼吸，觉知自己的情绪，觉知发生在我们身上的一切。

你的手有些冷，你能觉知到；走路的时候，脚步的移动，你能觉知到；吃饭的时候，食物的味道，你能觉知到。

这份觉知一直都在，每个人都有，只是我们需要花时间去练习。

很多先贤圣哲曾讲到，人之所以痛苦，其根源就是缺少觉知。

你有练习过自己的觉知力吗？觉知就像我们内在的一盏灯，当身处黑暗的时候，只要打开觉知，黑暗立即就会消失。

你看到孩子在发脾气，如果你也跟着发脾气，那么你就没有觉知到自己是如何被想法给控制了。或许你第二天才会发现，哦，原来自己当时被愤怒的情绪困在那里了。

很多时候，我们都处于一种迷离的状态：吃饭的时候，不知道自己在吃饭，脑子里想的是明天生意会如何；走路的时候，不知道自己在走路，满脑子想的是某个人做了什么对不起自己的事。

我们对自己缺少觉知，没有意识到自己活在此时此刻。我们就像一个自动化的机器，不断地重复。一个人想要真正醒来，就要让自己的觉知醒来，它在沉睡，而我们可以唤醒它。

我们应该怎么练习自己的觉知力呢？

可以在任何事上进行练习，只需要对自己有一份留意。

当你早上从睡梦中醒来，可以去觉知自己的身体是放松的还是紧绷的,你的心情怎么样?只是去觉知,并不需要改变什么。

你也可以觉知自己的眼睛是如何睁开的,你是否想立即起床,或是想再多睡一会儿。

当你下床的时候,你可以觉知身体是如何移动、如何站起来的。在刷牙洗脸的时候,觉知水的温度、牙膏的味道、水与皮肤接触的感觉。

在你关门、开门的时候,可以觉知手触摸着门把手。你是有觉知的,你从梦里醒过来了。

你看着早餐,可以觉知你和食物之间的关系。你是接受的,还是充满抗拒的?你是否把早餐当成一个任务?或许你觉知了食物在口腔里的味道,它们有不同的滋味。你吃饭时的心情状态如何?

当你出门走路的时候,是否觉知到脚的移动?你的状态是匆忙的,还是很悠闲?

所有这些,都去觉知。

在工作的时候,在你和上司或客户沟通时,你是否对自己说话的方式有所觉知?你是如何说话的?语气如何?心情如何?有什么想法?

忙碌了一天后回到家,去觉知你的身心状态,你对你的伴侣和孩子,有什么样的感觉?

你是否能以不逃避的方式觉知到自己,真实地触碰自己?

当你准备睡觉时,是否能觉知到你是如何移动你的身体来到床上的?还是就像在做梦,或像机器一样,就那么上了床?你又是在什么时候闭上眼睛,什么时候感觉到睡意降临的?

这一切,你都可以在生活中去觉知。

有时候,我们可能没有具体的觉知,那也没关系,我们不太可能24小时都保持觉知。当我们没有觉知的时候,就觉知到自己没有觉知。

我们有时会忘记自己,忘记自己就是没有觉知。行走在大街上,去观察那些来来往往的人,你会看到他们就像在梦里一样。

每天这样练习，不断唤起我们的觉知，我们会越来越感觉到自己在活着。

通过觉知，我们也会发现越来越多的自己，升起更多的智慧。这种智慧，不是别人教的，不是从书本上得来的，是从我们内在升起的。通过觉知，我们能看到更广阔的内在天空，对生命的很多困惑也都能在觉知中发现真相。这些都是靠我们自己体悟到的。

以前你可能听说过一些智慧，但那是别人的，无论多么美，也只是属于别人的经验。无论别人说西瓜怎么甜，如果你没有吃过，就永远不知道真正的滋味。

我们可以不断觉知，不断去感受、体验自己的内在，就像是真正去品尝西瓜的味道。你会知道西瓜是什么味道，而西瓜的味道，其实很难向另一个人描述，无论怎么表达，都和真实的体验存在偏差。

真正的大师，真正的老师，都在你的"里边"。通过不断觉知，你就能发现这点。

就从此刻开始，能觉知到呼吸，就觉知呼吸；能觉知到动作，就觉知动作；能觉知到感受，就觉知感受；能觉知到想法，就觉知想法。

都可以，也都很好。真正重要的不是觉知的对象，而是觉知本身。时间久了，你自动就会提起你的觉知，走路的时候，吃饭的时候，甚至上厕所的时候。

如果这门课程只能讲一句话，那么我会告诉你：去觉知自己。其他的，无论我说得多么好，都只是我的观点。如果你要升起自己的智慧，就需要不断地觉知。

练习

走动3~5分钟，觉知这个过程中，你的身体是如何在动的，你的感受是什么，有什么想法升起。

面对自己

4

大部分时间里，我们的行为似乎都是在做逃开自己的努力。我们可以面对世界、探索宇宙，却很难真正面对自己。

当你看到"面对自己"这四个字时，你的感觉是什么样的？你有没有以不逃避的方式，真正面对过自己？

严格地说，在前面的内容中，无论是从父母，还是从孩子的角度，我的意图都是协助我们彼此可以真实地面对自己。

我们面对过外界的风风雨雨，面对过这个世界的跌宕起伏，但是，我们有没有真正面对过自己？

在天地之间、世界之中，我们是怎样的一种存在，是怎样的一种生命？你快乐吗？幸福吗？害怕吗？

或许在夜深人静的时候，在黑夜中，我们才不得不面对自己。当我们卸下所有防备，不再讨好谁，也不再迎合他人需要时，我们诚实地面对着全世界独一无二的自己。那么，我们是否对自己满意？

我们是否真的有勇气和自己待在一起？有时，生命会用一些方式来提醒你，是时候面对自己了。痛苦、疾病、死亡，这些往往都是一种呼唤，呼唤你转向内在。

无论我们的内在有多少面向、多少滋味，我们都可以试着面对，并细细品尝。生命中所有的问题和困扰，答案都蕴藏于我们的内在。

如果你经历着失望、挫败，甚至绝望，那么这是好的，这是提醒。它深深地提醒你，外面无法让你真正满足，你只能向内去找，找到答案，真诚地面对自己，宝藏一定在我们的里边。

我们已经习惯缘木求鱼，这是大部分人都在做的事，我也如此。我曾经以为，有一个男人可以带给我所有的幸福。我跟很多女生一样，有过浪漫而美丽的想法，以为某个男人可以带给我满足、照顾我周全，也很自然地把幸福的期望交给另一个人。

那时候，我从来没有面对过自己内心的匮乏、孤独、恐惧和焦虑。我很想像个公主一样，让别人来顺从我、照顾我。直到我的婚姻出现状况，独自带着孩子来到深圳，我才有机会开始真正面对自己。

我问自己：我究竟是谁？我是个什么样的人？我为什么会感到痛苦？

于是，我开始参加心理学方面的课程，去许多国家学习，虽然这也是一个外求的过程，但终究核心是为了深入自己。真正好的老师会鼓励人们面对自己，而不是跟随老师。

如果家里着火了，而你跑到别人家躲起来，以为火就不见了，这是自欺欺人。我选择面对自己的房子，看看里面有什么。

我曾经以为自己一切都很好，当我试着以不逃开、不掩饰的诚实方式面对自己的时候，才发现，原来我的内在隐藏着那么多的怨恨和不满，甚至是想要报复的心。

因为这些发现，刚开始的时候，我很难接纳自己。我怎么是这样的一个人？

我曾经以为，我只会爱一个男人，可现在我发现，不是这样的，我的传统观念批判且打击着我。我想做一个符合社会道德标准的人，但我发现我不是。于是我生自己的气，很长时间都对自己感到困惑，也自我憎恨。在此之前，我从未真诚地面对自己，不知道原来自己有这些部分。

承认真实的自己真的很不容易。有时候我也想假装，想欺骗自己，想让别人觉得我是个很好的人，想让别人认为我真的快乐、喜悦、有价值。但那不是真正的我。

当我可以真实地面对自己时，才可以活出完整的自我。对，是完整，而不是完美。

我曾经努力地想做个完美的人，做任何事都想要完美。我在给大家分享这本书的过程中，也想过要完美，但是，我只能做到现在这个样子，只能写出这些文字了。我真的没有办法做到我想象中的样子。

我想要被更多的人喜欢，但我知道，我做不到。为此，我放下我对完美的渴望。我不想让你们认为我是一个完美的人，也不想让你们认为我是权威，其实我和无数人一样，有着我的挑战、困难和各种人生滋味。

而我知道，你也是有勇气去面对自己的。诚实地面对自己吧，如果你感到不快乐，承认就好了；如果你很高兴，就承认你是高兴的；如果你感觉到心中的爱，就去承认，并分享给别人。

我们明明心中有爱，却不承认，非要遮遮掩掩，怕这个，怕那个。我们最怕的可能就是"爱"吧，好像心中有爱就输了似的。真正幸福的人，不是被爱的人，而是那个可以给出爱的人。心中有爱的人，才是真正的有福之人。

面对我们内在的黑暗与光明，这是觉知的双刃，它照见我们内在的神性，也照见我们内在的魔性。

能够面对自己的人，是真正的勇者。我们与外界所有的和解，本质上都是与自己的和解。我们与外界所有的关系，本质上也都是与自己的关系，是与我们的想法、情绪、身体之间的关系。

如果在生命的道路上遇到了困难和挑战，那么，去面对你自己，向你的内在去探索，你自会找到智慧，找到问题的答案。真正的答案，在你准备好的时候，自然就显露了。

如果这本书能成为你开始面对自己的机缘，我便心满意足了。

很多人向我咨询亲子关系中的问题，他们说到孩子的种种问题，问我究竟该怎么办，好像我这里有标准答案似的。我总是鼓励他们向自己的内在去看。如果你不舒服、不开心，很自然，问题是在你身上，而不在孩子身上。

不断去找孩子的问题，不断想要改变孩子，这是很难的。你唯有从自己身上去看，才能找到根源。本质上，你的这些痛苦是你自己造成的。

如果你在关系中感到痛苦，那就呈现出来，让自己知道，也让对方知道。面对自己，说出真相，同时放下对结果的追求。

如果别人说了一些关于你的不好的话，不需要去争辩，说不定也可以借此思考一下，自己哪里还可以更好。如果真的有一些问题，也可以借机去面对自己的不足。就是这样，并不复杂。

练习

写下你生命中最讨厌的人或不喜欢的人的名字，并在名字旁边写下他们身上你不喜欢的特质。然后，试着去问自己：我是不是也有这个特质？此刻，你在自己身上觉知到了什么？深呼吸一下，面对它。

爱 ⑤

无数的人都在讲爱,
而更多的人
以爱的名义来操控。

关于爱，我们可以说些什么？我们的现实是什么？自身的体验怎样？我们真的感觉到爱了吗？我们在什么时候能感觉到爱？

需要承认的是，很多时候，我们感受不到爱的存在。我们不断地指责、抱怨，人生充满着占有、嫉妒与操控。我们因现实生活而忙碌着，有时连自己都忘记了自己。

我们不断地消费，以此来填补心灵的空虚；我们不断地索取，以求获得爱的可能；我们伤害他人，也选择被伤害。对此，我们可能并没有意识。

此刻，或许我们被各种烦恼围绕着。我们没完没了地生气、要求、自怨自艾，总觉得什么都是别人的错，总觉得自己在受害，总觉得现实没让自己满意。

我们像个乞丐一样，不断地讨要，不断地在另一个人身上索取。我们总以为爱是在另一个人身上。然而，无论别人怎么做，我们还是会觉得匮乏，还是没有办法感到深深的满足。

似乎，我爱你，你就要听我的，就要来顾我周全、顺我心意；似乎，我爱你，你就是我的了，你的所言所行都得符合我的意愿，如果不符合，我就生气、离开。

一位母亲对孩子说:"我这么爱你,要是你不听我的,我就不要你了。"对,你最好不要做你自己,最好做我想要你成为的样子。

我们所谓的爱,常常爱的都是自己的标准,我们真的爱过一个人吗?

说到爱,我们还可以说些什么?恨吗?是的。这个世界有太多关于恨的故事,父母成仇,妻离子散,混杂着血与泪在上演。

我们对外界越来越麻木,感官变得越来越迟钝。对于自然,我们看不到云彩的美、夜空的深邃、落叶与大地的轻触,听不到鸟儿的歌唱,甚至行走在路上,也感知不到脚与大地的连接。身体对我们而言变得陌生,我们对它充满着敌意。

我们有眼睛,却像是瞎的;有耳朵,却像是聋的。我们听不到自己内心的声音,也听不到别人真正在说什么。这些就是我们通往爱的障碍。

关于爱,首要的是不去伤害。我们能否看到,自己每天是如何伤害自己、伤害他人的?另一个重点在于,我们需要看到是什么阻碍了我们的爱。我们看到障碍，超越障碍，爱就出现了。如果我们看不到障碍，强说自己有爱，那么爱就很容易变成一种包装，表现各异，但本质相同。

我想说，要尽力去诚实，不伪装自己。没有爱的时候，就承认没有爱，这本身也是爱的一种表现。

"爱"不仅是一个名词，它还是一个动词，是动态的。这个片刻，你可能没有体验到爱，下一个片刻，爱可能就淹没了你，你会感觉到深深的满足，心中无比感恩，自己与内心是那么靠近。或许下一刻，嫉妒、愤怒、哀怨又侵袭了你，它们笼罩着你，你被心魔占据，爱就像被乌云遮住了。承认这些乌云，之后云会散开，你又会看到天空。

人们会被一叶障目，没有关系，拿掉叶子，就能看到更宽广的世界。那么亲爱的你，是什么阻碍了你的爱？是什么让你感觉不到爱？

你愿意把爱放出来吗？你愿意让它自由吗？

给爱一个机会，让它可以出现并存活在你心里，不要困住它，请让爱焕发、显露。你可以大胆地活出爱，让爱来发言。

亲爱的,如果你真的受够了,那么就换一种生活方式吧,去走一条爱的道路,过一种活在爱中的生活。谁欠谁多一点,没关系。真正幸福的人,是那个有爱的人。

我们可以勇敢一点,不要害怕爱,不要被爱吓到。爱不是牺牲,不是以身相许,也不是失去自己。爱,是要我们活出自己。爱,让我们无惧地生活。

练习

从你有记忆以来，你做过哪些伤害行为？尽可能地写，不需要因为做过的事指责自己，你只需要给自己一个空间，允许这些伤害行为流淌出来。想到什么就写什么，不用隐藏，也不用压抑。

此处所说的伤害，包括对成长过程中所有人和所有动物的伤害，也包括对自己的伤害。你是如何伤害自己的？写下来，然后承认它、接纳它。

如果你感觉到困难，就深深地呼吸几次。如果你想不出伤害过什么，也不用着急放弃这个练习，你可以再等等。等有些记忆浮现时，就记录下来，然后承认这个事实。

这个过程确实需要一些勇气，需要我们对自己足够诚实。祝愿你有一个圆满的旅程。要记得你并不是一个人，把手伸向天空，我们就是相连的，我和你在一起。

痛苦

6

我们经受的各种痛苦，无论是身体的还是心灵的，都预示着一个可能，就是有一种新的东西要生发出来。

我们在学习以不逃开的方式与自己相处，无论内在发生了什么，我们都可以承受并接受。想必大家已经有了更多的力量来面对自己，有了更高的接纳度来看待自己，并且有能力和自己待在一起。

回顾我们的生命，经历过的各种伤痛，我们终究都能够承受住。只是当时为了躲避危险，我们把自己关进笼子。我们太害怕有不好的事情发生，每天把自己弄得精疲力竭，为了防止将来痛苦，我们试着努力控制好一切事情。

人们总是以为痛苦是不好的，觉得痛苦就像是一种诅咒。孩子生病，就立即想给他药物，让他不要受一点疾病的痛苦。我们自己痛苦了，就赶紧逃开，强行微笑，假装很开心，或者寻找各种事物转移注意力。我们不愿与痛苦相处，我们把痛苦拒之门外。

我们对痛苦缺少应有的尊重，我们对抗它，对抗"痛苦会存在"这一现实，却没有意识到，真正的痛苦不源于事件本身，而源于我们对事件的抗拒。

我们有些固执，也有些懒惰，不愿意去了解痛苦的真相，甚至不敢在人前承认自己是会痛苦的。

现在我想告诉你,如果你感觉到痛苦,无论引起痛苦的事件是什么,我要恭喜你,你有福了。你有痛苦,这是好的,但你并不需要沉溺其中。你只需要去了解你的痛苦是怎么回事,智慧就会升起。

我们会有身体的痛苦,也会有心理的痛苦。身体上的反应,我们称之为痛;心理上的抗拒,我们称之为苦。

你摔了一跤,身体会痛,但如果你的心对摔倒的行为产生了对抗,开始了批判——"我怎么这么笨、这么没用啊",那么,痛苦就产生了。

外面下雨了,你对抗这个事实,感到烦躁、焦虑,你以为是雨让你痛苦,其实是你的对抗让你痛苦。

人生就像一场大逃亡,我们不断地逃离自己,其实就是在逃离自己的痛苦。而越是逃离,痛苦就追得越厉害。想要摆脱它,除非我们真正转过身,好好看看它的样子,看清它,并且品味它。

有一位加拿大的心理学专家,他的父亲去世了,朋友来看望他。他们在一间屋子里,他的朋友就一直坐在那里,整整两个小时一句话也没有说,朋友只是陪着他经历那些感觉。两个小时后,那个朋友说:"我走了。"然后离开了房间。

后来这位心理学家说,这是他在父亲去世这件事情上,收到的最美的礼物。如果我们想要真正靠近自己,就不能不面对自己的各种痛苦。生命本身就一直伴随着痛苦,如果我们能承认并接纳这个真相,就能在其中得到很大的释放。

命运无论好坏,我们都可以接受。暴风雨来了,我们可以在里面舞蹈。

当我经历过很多生命的故事后,我便知道,我们每个人都足够强大,可以接受任何结果。最坏的结果会是死亡吗?但是那又如何?没有人爱我又怎样?孩子成绩下降了又怎样?老公不高兴了,又如何?

不要被别人的痛苦所控制。孩子受苦,我们也跟着一味沉浸于痛苦中,这对彼此并没有多少帮助。很多人真正的转变,正是开始于痛苦,痛苦可以生出很美的花朵。

但是,我们不需要自讨苦吃,不需要自寻烦恼。生命发生了什么,那就是什么,是不可避免的。没有发生的,那就没有发生,还不是事实。

生命可以很简单,来什么就享受什么。风来听风,雨来观雨,阳光来了,晒太阳。我们的问题常常太复杂,在下雨的时候,担心风会来,起风了,会挂记阳光明媚的日子。

我们来做一个练习,名字叫"唐僧取经"。

做这个练习,最好是在只有你一个人的地方。如果能有个陪伴你又不评判你的人,那也很好。

请你深呼吸一下,回到自己的内在,检视从小到大的成长过程中,你所经历过的痛苦。请一件一件写下来,每写一件,就去留意身体的感觉,体验它。

一直写到今年今日,此时此刻。如果对未来的想象让你产生了痛苦,你也可以写下来。比如,你想象未来亲人会离世,或者孩子成绩不够理想。

就像唐僧在去西天取经路上遭遇九九八十一难一样,你这样一路写下来,看看你的人生经历了多少难,比唐僧多还是少呢?这个练习的名字叫"唐僧取经",你也是来这个世界"取经"的。这条路上,我们必定遇到各种"妖魔鬼怪",现在是时候检视一下了。

写完之后，请你再深呼吸一下。

如果你朋友在旁边，你就一条一条念给他听。如果他不在旁边，你就念给自己听。眼睛一定是睁开的，并且保持呼吸，不仅仅是去念，同时还要觉知自己的感受。如果你的故事里包含了隐私，不想让朋友知道，那么也可以不念给他听。当你走过这个过程，你会感觉到经历了一场蜕变，痛苦会成为你的力量。

如果你的内心生出了感动、感激、疼惜或喜悦，可以把这个体验分享给更多的人。分享，会带来更大的力量，尽情去分享吧。

再次谢谢你的勇气和诚实。

练习

"唐僧取经"。

死亡

7

死亡可能是世间最好的导师，
我无法想象，
如果这个世界没有死亡，
将多么无趣。

一切都会过去，生命有开始，就有结束。每一天，每一刻，这个世界都有人出生，也有人死去。那些恩恩怨怨，都终将被放下。

在死亡面前，人才会明白生命的可贵。许多人都是在快要死了的时候，才发现自己真正错过了什么。

有人对临终的人做采访，问他们有什么遗言，大部分人的回答都是：

遗憾自己在该爱的时候，没有选择爱；该宽恕的时候，没有宽恕。

遗憾自己没有更勇敢一些，敢于犯错。

遗憾没有遵循自己内心的需要，做一些冒险。

遗憾没有在关系中诚实与开放。

遗憾自己紧紧抓住痛苦不放太久。

遗憾为了工作把自己累出病，还忽略了身边的人。

为什么一个人总要在生命的终点，才发现自己活成了自己不喜欢的样子？我们何不试着不再等到临终的时候才想到感谢生命、感谢活着？有人对我说他想死，我说："你其实不是想死，只是想用死来逃开痛苦，你只是不想再过现在这样的生活。你真正想要的，是另一种活法。"

在我看来，死亡的其中一个意义，就在于可以通过死亡来了解，我们究竟可以怎样活着，怎样热烈而无悔地活着。

我们可以有很多选择，这是死亡教会我们的。它让我们看到，有生之年，什么是应该珍惜的，什么是真正重要的，我们在乎什么，我们的价值和意义又是什么。

我有一个朋友离婚了，因为前妻出轨，和别的男人在一起了。他痛苦万分，很多次都想杀了那两人，当然他没那么做。他每天喝酒，想要杀死自己。他辞掉工作，什么也不干。用他自己的话说，每天都需要酒精的麻痹才能够睡去。儿子跟着他，也开始沉溺于游戏，不愿去上学。一个家庭就这样活在深深的仇恨与痛苦当中，活在自我放弃与折磨当中。

而生命的转化，有时就来自一个转念、一个决定。

有一天，他喝醉了，不省人事，倒在厕所。当他醒来的时候，发现自己躺在厕所的地板上，马桶周围吐了一地。此情此景，让他深深地厌恶自己，他想他不是个坏人，也没有做过什么坏事，为什么就成了今天这个样子，为什么活得如此狼狈？

他在心里不断地说："我不是个坏人，我真的不是个坏人，我为何这般厌恶自己？我都这么努力了，为什么还是做不好？"他一边自问，一边痛哭不已。他说他是那么恨自己，恨自己无能，恨自己没有经营好这个家。老婆跟了别人，孩子不上学，他认为都是他造成的。他想到了死，觉得死也许可以解决这一切问题。但是，真的能解决吗？刹那间，他的内心有个声音在问："这就是我要的生活吗？"

就像触电一样，他回答道："不，我不要现在的生活，这也不是我想要的生活。"突然，他站了起来，开始打扫卫生间，打扫整个屋子。他这才发现，房间是多么凌乱。之后，他每天早起，打扫卫生，也不再喝酒了。

他因为儿子来到我的线下课程中，于是我知道了他的故事。后来，他在网上发布了一条征婚消息，一个女人爱上了他，她是学习心理学的。再后来，他们结婚了。

结婚大概一年后，这个男人被诊断为肝癌。就在接近死亡的时候，他说他看到了光，看到了所有生命中的过往。那些故事就像电影一样在回放，而电影中的自己是那么害怕，也因为害怕，他才那么愤怒。

突然，他意识到自己一直在演绎各种故事。他说，生命真的是一个幻象。

后来他没有死，医生给他换了一个肝。我再看到他时，他已经完全变了一个模样，看起来非常安定、柔软、祥和，曾经脸上那些迷茫、愤怒和仇恨都不见了。

他告诉我说，其实是死亡教会了他什么才是真的，什么才是重要的。他说，人世间只有一样东西是真的，那就是爱，其他的都是虚妄。他说，他是在面临死亡的时候，才发现人们是如何活在自己的颠倒梦想中，如何活在自己编织的各种故事中，并且还那么当真。他说，生命真正重要的，就是活在无惧当中。人们都活在自己想象的恐惧当中，今天担忧这个，明天担忧那个，生命不是用来忧虑的，而是用来骄傲与服务的。

亲爱的朋友，你此刻有什么感受？

死亡是确定的，只是我们不知道什么时候会死。死亡在未来某个地方等着我们，也或许它一直就在我们身体里边。每一天,我们都在死去;每一天,我们也都在重新出生。我们的细胞不断更替,我们的想法不断变化,从来没有一个固定不变的自己。

我们需要学着在肉体的死亡来临前,先让我们的傲慢、自以为是,让我们曾经那些伤痛的故事、那些早就需要被结束的东西死去。我们可以从旧有的模式中死去,然后重生。

死亡教会我们放下。当我们真的可以放下,没有什么需要抓住时,我们就自由了。当我们自由时,爱就出现了。

人为什么害怕死亡?因为不了解死亡。我们不知道死亡是什么东西,不知道它什么时候会来。我们不确定,而我们的头脑害怕不确定,害怕未知。同时,我们又被已知的东西束缚住,没完没了地活在自己的想法当中。

有人说,死亡是生命最后的高潮;有人说,死亡是一扇门,一扇通向另一个世界的门;有人说,死亡就像蚕蛹破茧的过程,是离开蚕茧振翅高飞的过程;有人说,死亡是一种审判,通过死亡来看你在人间的善恶,再决定你去向哪里;有人说,死亡是最终的结束,你将不再存在,没有前世,没有来生。

死亡究竟是什么?别人的话,只是别人的话。别人的经验，也只是别人的。那么你的呢？我在乎的是你的经验，你认为死亡是什么？

任何浮现在你脑海里的关于死亡的观念是什么样的？我们可以去探索的，是我们与死亡之间的关系，是我们自己的态度。我们是带着怎样的死亡观念活在世界上的呢？

在一个独立的空间里，先深呼吸一下，闭上眼。思考目前生命中对你来说最重要的十个人，多一个或少一个也没关系，把他们的名字写在纸上。

看着这些名字，感受一下你和他们之间的关系。我们刚刚说了，每个人都会死去。那么现在，在这些人中，有一个人会死去，你想是谁？如果对你来说，身体的死亡难以接受，那么你可以想象，是这个人的身份、角色死去了，是你对他所有的认知和想法死去了，你对他将不再有任何定义。

然后用笔划掉这个人，接着选择第二个。一直到这些人的名字全部被划去。他们都"死去"了。放松，注意自己的身体，每划掉一个人的名字，都留意自己的感受和想法。

最后，来到了你，你现在就要"死去"了。请给你的子孙写一封遗书。在很多年后，他们想起自己的祖辈，也就是你，他们会是什么感觉，你希望他们记得你的是什么？写下来。

写完之后，你可以躺下来，想象自己死去了。几分钟后，起身，想象自己重新被生出来了。带着新鲜的眼光，带着没有想法的眼光，看看周围。

祝福你，我亲爱的朋友，愿你有一个美丽而有爱的旅程，愿你"生出"自己。

练习

想象死亡。

再次出生

走过所有的路,
你终于可以生出你自己来。
有一个新的你诞生了。
你知道你已经不同,
而且再也回不去了。

这一节是本书的结束，更是我们每个人新的开始。

我相信你的内在已经有不同的东西在发芽、生长，你真的可以生出你自己。而我就像一个"接生婆"，为你鼓掌，欢迎你的到来。

亲爱的朋友，告诉我，你想让内在的什么生发出来？是爱，还是你的创造、喜悦、关怀、柔情和接纳？这些都已经酝酿好了，它们被你珍藏了很久，现在是时候去品尝它们了。

你开始知道，你是有选择的，即使有很多糟糕的事情还是会发生，但你看待事情的眼光已经不一样了。你已经明白，你足够勇敢、足够坚强，有能力承受生命里的所有。你放下了那些虚假的恐惧，不断欢迎新的品质进入，你唤醒了内心的喜悦，唤醒了内心的爱与自由。

你真的不同了，你注意到了吗？你欢迎自己、感激自己，拥抱内在的各种品质，越来越靠近自己、面对自己，你足够勇敢，也足够坚强。

你可以害怕，但不需要害怕，因为确实没有什么好怕的。你足够好，能够去爱，也值得被爱。

我们正处在一个最好的时代，同时也是最具挑战的时代。我们拥有很多选择，然而各种信息也不加过滤地进入我们的视野。我们看似有很多选择，却不知如何选择。

我希望有更多从事心灵工作的人来平衡这个世界，也希望有更多的女性力量来帮助这个世界。我相信未来会有越来越多的人唤醒自己的意识，带着觉知生活。

人有能力自救，世间并没有所谓的救世主，没有高高在上的神。我们可以依靠自己的力量，我们必须生出自己内在的智慧、爱与慈悲，这不仅是为了自己，也是为了我们的子孙。

我希望我们的后代可以更容易地生活在这个世界上。我们不需要努力成为一个拯救者，但至少可以做到不伤害——不伤害环境，不伤害动物，不伤害他人，也不伤害自己。

佛说，生命皆苦。我们可以从苦难中学到智慧和慈悲，并从中解脱。

我们照顾好自己之后，自然会尝试去服务社会，服务更多的人。找到你服务人们的方式，这便是快乐，这便是幸福。

我们真的可以选择去过不同的生活，我们真的还有很多条路可以走。我们可以选择放下，选择爱与宽恕的道路。

让我们放下傲慢、放下愤怒，在历经生命中的困难并认清生命的真相之后，依然微笑。在这个世界，发出我们的光，或者只是照亮自己，然后自会有人循着光亮而来。要相信，夜空中一盏小小的灯，便可为无数人带去希望和温暖。

真正的你已经被生出来了，你只需要不断喂养你的觉知、善良和爱，让那个自己茁壮成长，让他自由。

亲爱的朋友，我最后要分享给你的练习，就是关于服务的。就像稻盛和夫在《心》这本书里所说的：纯粹美好的利他之心。

在往后的岁月里，你可以去实践的道路就是服务、利他的道路。找到你自己的方式，去服务自己、服务他人、服务这个世界。

以美国作家玛丽安娜·威廉森的一首诗，作为整本书的结束。

我们最深的恐惧不是我们力不能及，

我们最深的恐惧是我们的力量无可限量。

令我们恐惧的是我们的光芒，

而不是我们的黑暗。

我们都会扪心自问，

我是谁，怎样才能灿烂夺目，才华横溢？

其实，你要问，你怎么能不是谁？

你就是神之子。

你的碌碌无为无益于世界。

退缩并非明智之举，

以为这样就不会让人们不安。

我们注定要光彩照人，就像孩子一样。

我们生来就是为了展现我们心中神的荣耀。

它并非只是少数人拥有，

而是藏在每个人的心中。

当我们让自己的光芒闪耀，

我们就在无意中默许他人去做同样的事。

当我们从自己的恐惧中解放，

我们就自然而然地解放他人。

亲爱的朋友，虽然本书为了协助你探索内在世界，有时会带你回到过去，但我希望你能大步向前走，而不是频频回首，不要执着于疗愈，过去已经放下你了，你也别紧抓住它不放。

同时也无须压抑自己。分享给你我的一个生命探索原则：遇事不怕事，没事不找事。当我有情绪、有困扰时，我会面对，但我不会无事生非，去挖掘所谓的创伤。

《金刚经》有云："一切有为法，如梦幻泡影，如露亦如电，应作如是观。"感受不是我、想法不是我、身体不是我，所有我能感知到的客体都不是我，我是那个正在感知一切的主体，是那个更宽广的存在。

让我们用出世的心，过入世的生活，把生命的能量投入到生活、工作和美好的利他行动中去，不辜负来人间的这一趟。越活越喜悦，越活越宽广，在喜悦和宽广处运作我们的生命。

安心再次深深祝福你！